北京理工大学"双一流"建设精品出版工程

Digital Circuit Development
Experiments Tutorial

数字电路开发实验教程

林玉洁　李建国　杨 凯 ◎ 编著

北京理工大学出版社
BEIJING INSTITUTE OF TECHNOLOGY PRESS

内 容 简 介

本书主要包括四大板块：①第1、2章为设计基础，使学生认识FPGA，初步掌握Verilog语法；②第3~8章为基础验证型实验，使学生掌握FPGA硬件编程设计方法；③第9~13章为综合设计型实验，提高学生的方案设计能力和动手实践能力；④第14章为开放探索型实验，激发学生科研创新兴趣。本书适合电子信息相关专业本科学生使用。

版权专有　侵权必究

图书在版编目（CIP）数据

数字电路开发实验教程 / 林玉洁，李建国，杨凯编
著 . -- 北京：北京理工大学出版社，2025. 4.
ISBN 978 - 7 - 5763 - 5301 - 3

Ⅰ. TN79 - 33

中国国家版本馆 CIP 数据核字第 202542ZD31 号

责任编辑：王玲玲　　　文案编辑：王玲玲
责任校对：刘亚男　　　责任印制：李志强

出版发行 / 北京理工大学出版社有限责任公司
社　　址 / 北京市丰台区四合庄路6号
邮　　编 / 100070
电　　话 / （010）68944439（学术售后服务热线）
网　　址 / http：//www. bitpress. com. cn

版 印 次 / 2025 年 4 月第 1 版第 1 次印刷
印　　刷 / 三河市华骏印务包装有限公司
开　　本 / 787mm×1092mm　1/16
印　　张 / 10
字　　数 / 231 千字
定　　价 / 45. 00 元

图书出现印装质量问题，请拨打售后服务热线，负责调换

前 言

　　数字电路是电子信息类本科生的核心课程之一，近年来，FPGA 技术快速发展，而面向本科生的相关实验课程相对滞后。编者基于多年 FPGA 开发经验及实验课程教学经验编写了本书，希望能为读者入门 FPGA 提供一定帮助。

　　本书注重理论与实践相结合，以数字电路理论为指导，以数字电路 FPGA 系统开发实践为主体，结合数字电路实际案例讲授和实践环节，使学生掌握数字电路 FPGA 系统工作原理和设计调试方法。

　　本书内容编排如下：

　　第一部分设计基础。第 1 章绪论，包括数字电路基础、FPGA 概述、实验硬件平台、软件开发平台、实验注意事项；第 2 章为 Verilog 语法入门，包括基本程序结构、标志符与常量集合、数据类型、运算符、事件控制与流控制等。

　　第二部分基础验证型实验。第 3~8 章分别为 LED 控制实验、数码管显示实验、按键检测消抖实验、直接数字频率合成器实验、串口通信与波形参数控制实验、通信调制信号波形设计实验，通过实际电路使学生具备硬件编程思维，并掌握 FPGA 开发方法。对应关系如下：

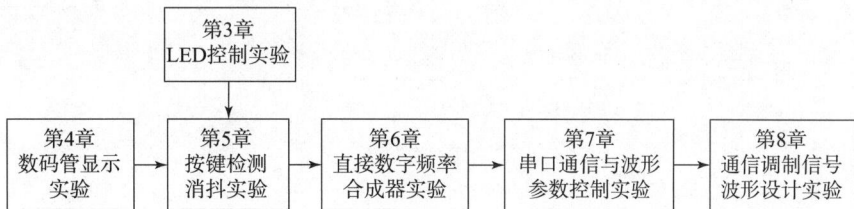

```
                      ┌─────────────┐
                      │   第3章      │
                      │ LED控制实验   │
                      └──────┬──────┘
                             │
┌────────┐   ┌────────┐   ┌─────────┐   ┌─────────┐   ┌─────────┐
│ 第4章   │   │ 第5章   │   │ 第6章    │   │ 第7章    │   │ 第8章    │
│数码管显示├──→│按键检测  ├──→│直接数字频率├──→│串口通信与波形├──→│通信调制信号│
│ 实验    │   │消抖实验  │   │合成器实验 │   │参数控制实验 │   │波形设计实验│
└────────┘   └────────┘   └─────────┘   └─────────┘   └─────────┘
```

　　第三部分综合设计型实验。第 9~13 章分别为 BPSK 数字通信发送系统实验、直接序列扩频通信实验、卷积码信道编译码实验、高斯白噪声发生器实验、通信系统综合设计与性能测试实验，将数字电路系统、数字通信原理等专业课程知识具体化、应用化。对应关系如下：

```
┌─────────────────────────────────────────┐
│        第9章 BPSK数字通信发送系统实验        │
└─────────────────────────────────────────┘
                    │
     ┌──────────────┼──────────────┐
     ▼              ▼              ▼
┌──────────┐  ┌──────────┐  ┌──────────┐
│第10章 直接序│  │第11章 卷积码│  │第12章 高斯白│
│列扩频通信实验│  │信道编译码实验│  │噪声发生器实验│
└──────────┘  └──────────┘  └──────────┘
     │              │              │
     └──────────────┼──────────────┘
                    ▼
┌─────────────────────────────────────────┐
│      第13章 通信系统综合设计与性能测试实验      │
└─────────────────────────────────────────┘
```

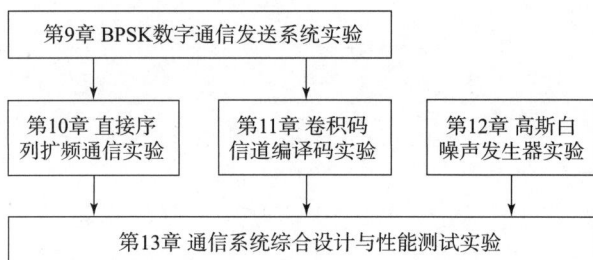

第四部分为第 14 章开放探索型实验，包括边缘检测实验和人脸检测实验，通过图像处理实验案例融合人工智能前沿技术，供读者选做。

本书第 1~9 章由林玉洁编写并附参考代码，第 10~12 章由李建国编写并提供相应参考代码，第 13、14 章由杨凯编写。林玉洁负责统筹全稿。本书程序已在黑金 FPGA 开发板进行验证，在此表示感谢。

笔者水平有限，书中难免有疏漏和不妥之处，编者们将持续改进实验案例，恳请读者批评指正，使本书得到不断完善。

编　者

目 录
CONTENTS

第二部分　基础验证型实验

第三部分 综合设计型实验

第四部分 开放探索型实验

第一部分　设计基础

第1章

绪　　论

随着大规模集成电路制造工艺和数字电路自动化设计工具的发展，数字电路的优势日益凸显。目前大部分数字电路本质是使用二进制表达数字，因此，在应用 FPGA 开展数字电路实验之前，需熟练掌握数字电路中的二进制表达规则及基本逻辑门电路运算规则。

1.1　数字电路基础

1. 数字电路中的二进制表达

1）二进制与十进制、十六进制转换

在数字电路中，表达信号的数值是有限的，N 位二进制能表达 2^N 个数值，例如 4 位二进制数能表达 16 个数值。十进制、十六进制也是数字电路设计中常用的进制，不管采用哪种进制对数值进行表达，数字电路的工作本质均是二进制。表 1-1 给出了 4 位二进制与十进制、十六进制之间的转换关系。

表 1-1　二进制与十进制、十六进制转换

二进制	十进制数	十六进制数
0000	0	0
0001	1	1
0010	2	2
0011	3	3
0100	4	4
0101	5	5
0110	6	6
0111	7	7
1000	8	8
1001	9	9
1010	10	A
1011	11	B
1100	12	C

二进制	十进制数	十六进制数
1101	13	D
1110	14	E
1111	15	F

2）无符号数与有符号数

N 位二进制无符号数与有符号数能表达的数值个数均为 2^N 个。在不需要表达负数时，N 位二进制无符号数表达十进制数值的范围是 $0 \sim 2^N - 1$。如果需要表达负数，则用二进制的最高位表示正负，N 位二进制有符号数表达十进制数值的范围是 $-2^{N-1} \sim +2^{N-1} - 1$：最高位为"1"时，表示有符号数的负数，除符号位（最高位）之外进行取反后加 1，如 1001，符号位 1 表示负数，001 取反加 1 为 111，所以对应有符号十进制数为 -7；最高位为"0"时，表示有符号数为正数或零。表 1-2 给出了 4 位二进制表示的有符号十进制数与无符号十进制数。

表 1-2　有符号数与无符号数

4 位二进制	无符号十进制数	有符号十进制数
0000	0	0
0001	1	1
0010	2	2
0011	3	3
0100	4	4
0101	5	5
0110	6	6
0111	7	7
1000	8	-8
1001	9	-7
1010	10	-6
1011	11	-5
1100	12	-4
1101	13	-3
1110	14	-2
1111	15	-1

2. 基本逻辑门电路运算

门电路是具有一位或多位输入逻辑电平、一位输出逻辑电平的数字电路，可实现 FPGA 基本逻辑运算。最基本的门电路是与门、或门、非门，分别对应逻辑运算的与、或、非。其他门电路还有与非、或非、异或、同或门电路及相应逻辑运算。

1）与门

与门（AND Gate）具有两位或多位输入、一位输出。当且仅当所有输入都为"1"时，输出才为"1"，否则，输出为"0"。两输入与门的符号如图 1-1 所示，真值表见表 1-3。

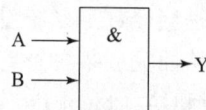

图 1-1 两输入与门符号

表 1-3 两输入与门真值表

A	B	Y
0	0	0
0	1	0
1	0	0
1	1	1

2）或门

或门（OR Gate）具有两位或多位输入、一位输出。只要其中有一位输入为"0"，输出就为"1"；否则，输出为"0"。两输入或门的符号如图 1-2 所示，真值表见表 1-4。

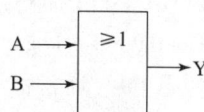

图 1-2 两输入或门符号

表 1-4 两输入或门真值表

A	B	Y
0	0	0
0	1	1
1	0	1
1	1	1

3）非门

非门（NOT Gate）具有一位输入、一位输出。输出电平是输入电平取反，当输入为"0"时，输出为"1"；否则，输出为"0"。非门的符号如图 1-3 所示，真值表见表 1-5。

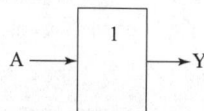

图 1-3 非门符号

表 1-5 非门真值表

A	Y
0	1
1	0

1.2 FPGA 概述

1. 认识 FPGA

可编程逻辑器件（Programmable Logic Device，PLD）起源于 20 世纪 70 年代，是在专用集成电路（Application Specific Integrated Circuit，ASIC）基础上发展起来的一种新型逻辑器

件，是当今数字系统设计的主要硬件平台，其主要特点是完全由用户通过软件进行配置和编程，从而完成某种特定的功能，并且可以反复擦写。

FPGA（Field Programmable Gate Array，现场可编程门阵列）是在 PAL、CPLD 等可编程器件的基础上作为一种半定制电路而出现的，既解决了定制电路的不足之处，又克服了原有可编程器件门电路有限的缺点。世界上第一款 FPGA 芯片由 Xilinx 公司于 1984 年推出，之后，从 XC330、XC4000 发展到 Spartan－6 系列、Virtex－6 和最新的 Artix－7、Kintex－7 及 Virtex－7 系列。经过 30 年的发展，FPGA 已成为实现数字系统的主流器件之一。

目前，主流 FPGA 均采用基于 SRAM 工艺的查找表结构，通过烧写文件改变查找表内容的方法来实现对 FPGA 的重复配置。基于 SRAM 工艺的 FPGA 需要在使用时外接一个片外存储器以保存程序。上电时，FPGA 将外部存储器中的数据读入片内 RAM，完成配置后，进入工作状态；掉电后，FPGA 恢复为白片，内部逻辑消失。

2. FPGA 芯片结构

FPGA 芯片内部主要包含可编程输入输出单元（Input Output Block，IOB）、可配置逻辑块（Configurable Logic Block，CLB）、数字时钟管理模块（Digital Clock Manager，DCM）、嵌入式块 RAM（通常称为 Block RAM）等。

（1）可编程输入输出单元（IOB）是芯片与外界电路的接口。为了便于管理和适应多种电气标准，FPGA 的 IOB 被划分为若干个组（bank），每个组的接口标准由其接口电压决定，一个组只能有一种接口电压，但不同组的接口电压可以不同。

（2）可配置逻辑块（CLB）是 FPGA 的基本逻辑单元，由多个相同的 Slice 和附加逻辑构成。Slice 是 Xilinx 公司定义的基本逻辑单位。一个 Slice 由两个 4/6 输入的查找表（Look－Up－Table，LUT）函数、进位逻辑、算术逻辑、存储逻辑等组成。

（3）数字时钟管理模块（DCM）用于进行时钟综合、消除时钟偏斜和进行时钟相位调整。利用 IP 核中的 Clocking Wizard 可完成时钟倍频、分频、相移。

（4）嵌入式块 RAM 是 FPGA 中的存储单元。6 输入 LUT 器件中的单片 BRAM 容量为 36 Kb，即位宽为 36 bit、深度为 1 024 bit。可以将多片 BRAM 级联起来形成更大的 RAM，此时只受限于芯片总 BRAM 的数量。

3. FPGA 开发流程

基于高复杂度 PLD 器件的开发，在很大程度上要依靠电子设计自动化（Electronic Design Automation，EDA）来完成。Xilinx 公司的 ISE/Vivado、Altera 公司的 Quartus Ⅱ是广泛使用的集成 PLD 开发软件。

FPGA 开发流程主要分为 7 个步骤。第一步要根据要求对电路进行功能方案设计，第二步为设计输入，即编写 Verilog HDL/VHDL 程序，第三步为功能仿真，第四步为综合，第五步为布局布线，第六步是进行时序仿真与验证，第七步是产生比特文件并下载到 FPGA 芯片中进行芯片编程验证与在线调试。

1.3 实验硬件平台

本实验教程的 ISE 软件用于 Spartan－6 硬件开发平台、Vivado 软件用于 Artix－7 和 Zynq－7 硬件开发平台。

1.3.1　Spartan – 6 硬件开发平台（ISE）

Spartan – 6 硬件开发平台采用基于 Xilinx Spartan – 6 系列 XC6SLX9 – 2FTG256 的 FPGA 开发板，通过 ISE 软件进行开发。该开发板集成了电源转换模块、提供 50 MHz 时钟的晶振和用于固化烧写程序 PROM（可编程只读存储器）芯片，并预留扩展口，便于其他实验项目的开发。实验中，计算机通过 Mini USB 接口为 FPGA 开发板提供 +5 V 电压，14 针 JTAG 接口能够将 Verilog 程序的位数据流下载、烧写到 PROM，并为 ChipScope 在线逻辑分析软件导出实时信号波形提供接口。图 1 – 4 为实验硬件平台基本架构，图 1 – 5 为实验开发环境，可以看出，仅需一台电脑、下载器即可进行 FPGA 电子系统基本开发。

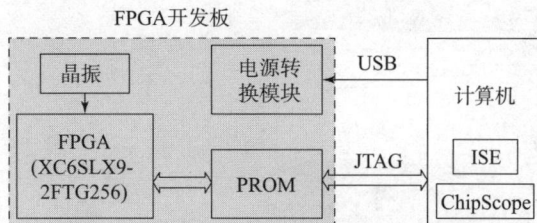

图 1 – 4　XC6SLX9 – 2FTG256 实验硬件平台

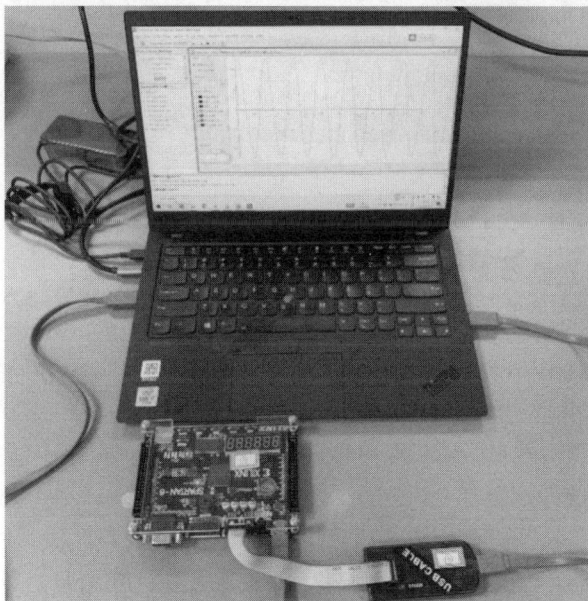

图 1 – 5　XC6SLX9 – 2FTG256 实验开发环境

1.3.2　Artix – 7 硬件开发平台（Vivado）

Artix – 7 硬件开发平台采用基于 Xilinx Artix – 7 系列 XC7A35T – 2FGG484 的 FPGA 开发板，可通过 Vivado 软件进行开发。图 1 – 6 为实验材料，包含开发板、电源适配器、JTAG 下载器。与 Spartan – 6 实验平台不同的是，该实验平台供电采用电源适配器方式，而不是 USB。图 1 – 7 为 XC7A35T – 2FGG484 开发环境。

图 1 - 6　XC7A35T - 2FGG484 实验材料

图 1 - 7　XC7A35T - 2FGG484 开发环境

1.3.3　Zynq - 7 硬件开发平台

本书第 14 章开放探索实验基于 Zynq - 7 开发平台,核心为 Xilinx 公司 Zynq7000 系列型号为 XC7Z020 - 2CLG400I 的芯片,并搭载多种外部接口和设备,方便进行基础实验和升级扩展。

Zynq7000 系列芯片将双核 ARM 和 FPGA 可编程逻辑集成在一个芯片上,分别为处理器系统部分 (PS) 和可编程逻辑部分 (PL),相互之间通过高速 AXI 总线实现高达数 Gb/s 吞吐率的数据交互。如图 1 - 8 所示,处理器系统部分负责处理顺序执行的数据,基于 ARM 双核 CortexA9 应用处理器,集成千兆以外网口、RS232 串口、FLASH 芯片、DDR3 内存、用户按键和 LED 等外设;可编程逻辑部分负责并行高速数据流处理,采用 7 系列 FPGA,具有丰富的逻辑资源。为方便进行程序调试,USB 2.0 接口通过桥接芯片与 PL 部分相连。PS 部分利用 SDK 开发工具进行 Python 软件编程,PL 部分利用 Vivado 开发工具进行 Verilog 硬件编程,Python + FPGA 架构软硬件实现协同处理。

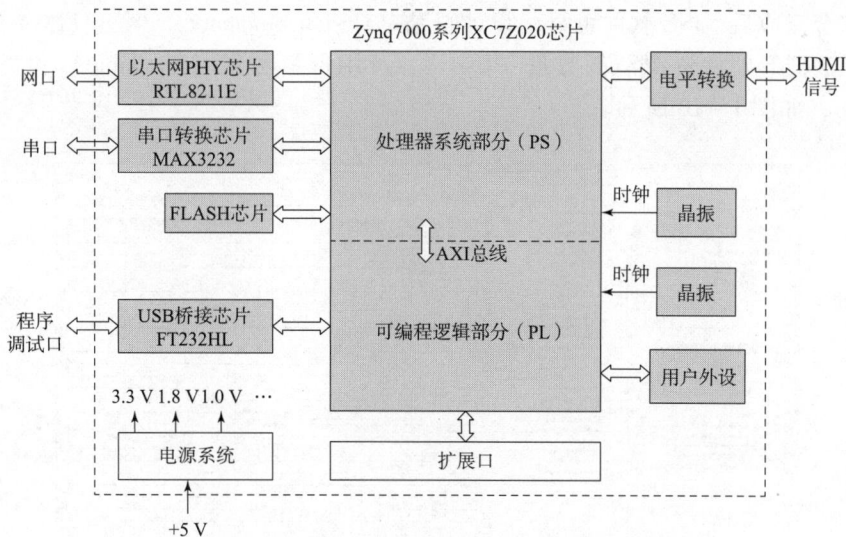

图1-8　Zynq-7开发平台主要组成框图

1.4　软件开发平台

1.4.1　ISE设计软件

ISE 是 Xilinx FPGA/CPLD 的综合性集成设计开发平台，集成了设计、输入、仿真、逻辑综合、布局布线与实现、时序分析、芯片下载与配置等设计工具。ISE 的最高版本是 14.7 版本，此后不再更新。ISE 的局限性在于：①不支持 7 系列 FPGA 芯片以及 Zynq 芯片，仅支持 6 系列及少数的初代 7 系列芯片；②对于 Windows 10 及之后操作系统的安装，可能有问题。

1. 设计输入界面

在计算机桌面上双击 ISE 快捷方式或在"开始"菜单中单击"Project Navigator"图标，启动 ISE 软件。ISE 界面主要包括标题栏、菜单栏、工具栏、工程管理栏、源代码编辑区、过程管理区、信息显示区和状态栏等，如图 1-9 所示。

图1-9　ISE界面分区

程序综合完成后，ISE 软件可显示设计总结（Design Summary），给出 FPGA 的寄存器、存储器、乘法器等硬件资源消耗数量（Used）、可用资料数量（Available）和资源使用率（Utilization），如图 1 – 10 所示。

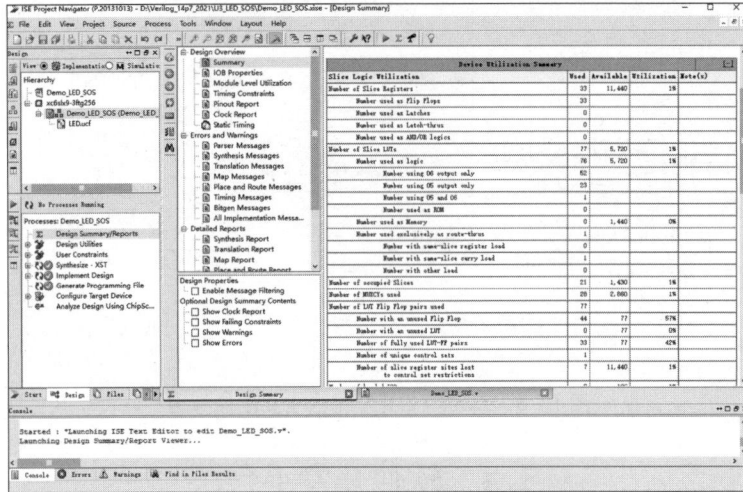

图 1 – 10　FPGA 资源消耗情况显示界面

2. 程序下载方法

Verilog 程序在 ISE 软件编辑代码、综合、布局布线后生成比特率文件，该文件是连接设计软件和 FPGA 硬件平台的桥梁。下面介绍程序下载方法。

在 ISE 设计界面双击过程管理区的"Configure Target Device"进入程序下载界面，如图 1 – 11 所示，右击，选择"Initialize Chain"以初始化下载链路。

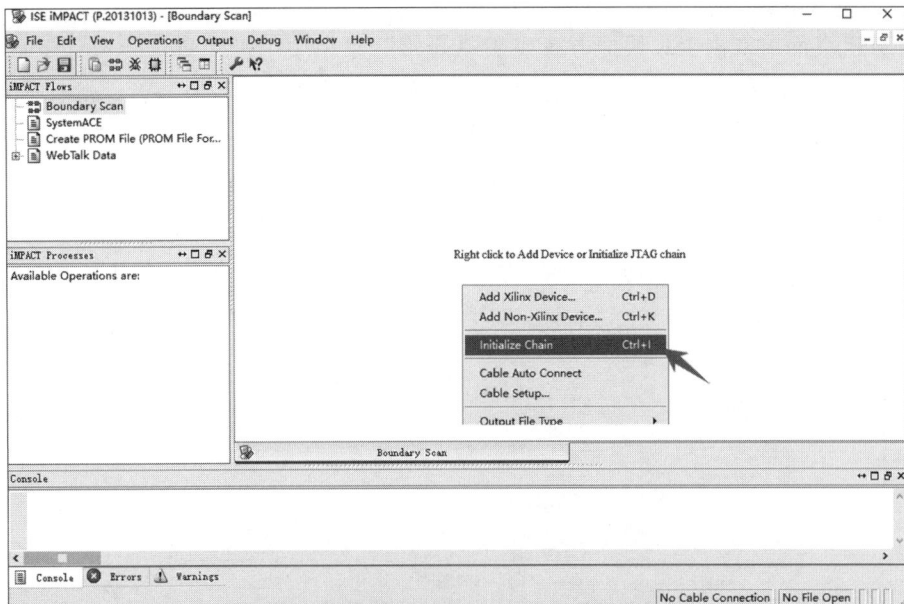

图 1 – 11　程序下载界面（初始化 JTAG 链路）

如图 1－12 所示，双击 Xilinx 芯片图标，选择工程文件夹下的比特流文件，其扩展名为
.bit。最后，右击芯片图标，选择"Program"对链路中的 FPGA 芯片进行编程，如图 1－13
所示。若编程成功，则提示"Program Succeeded"，否则，提示"Program Failed"。

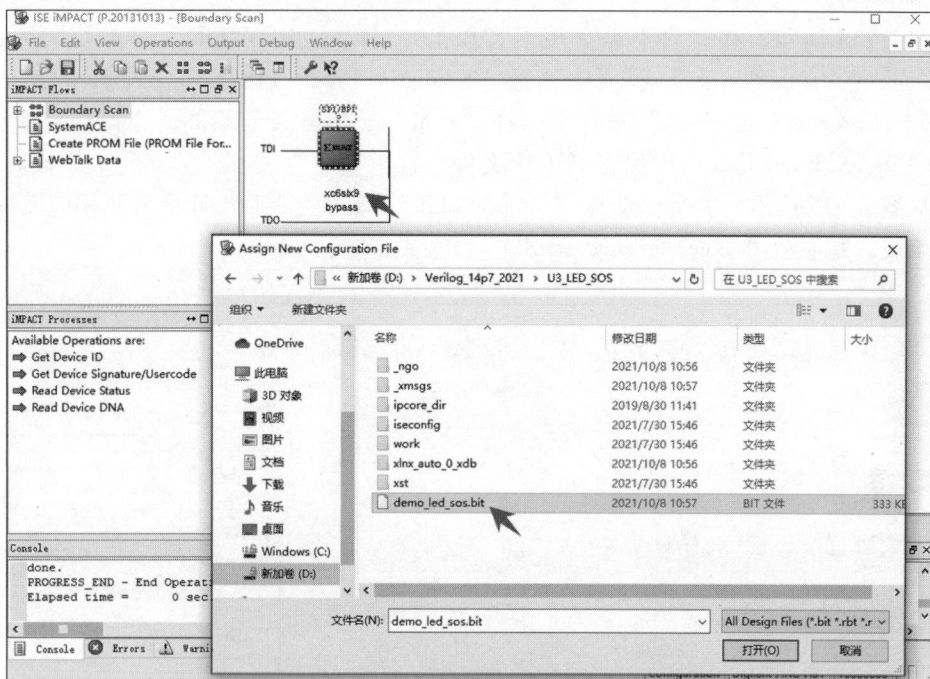

图 1－12　程序下载界面（加载比特流文件）

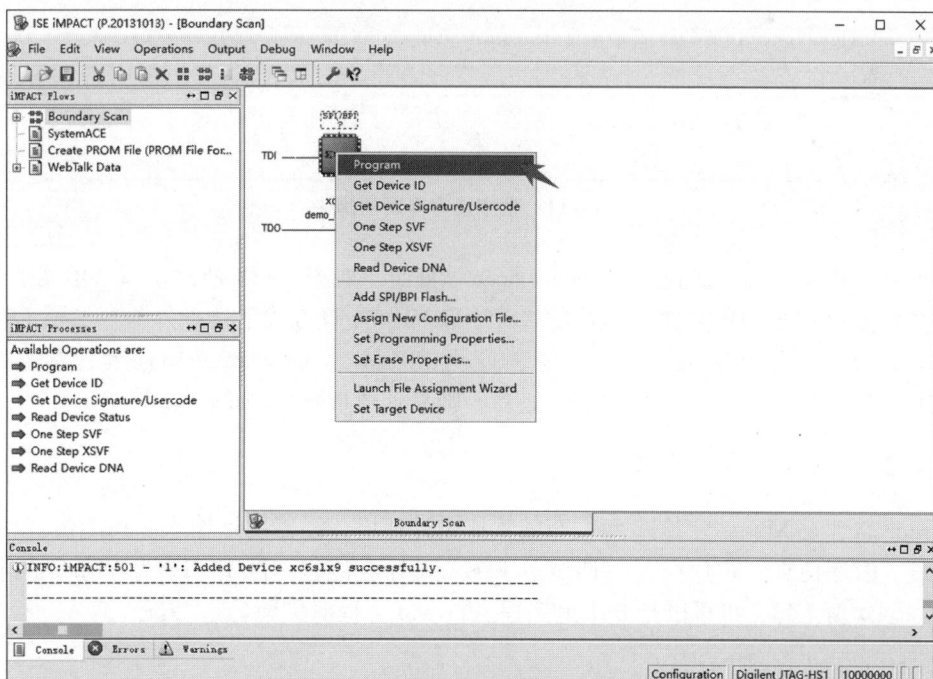

图 1－13　程序下载界面（芯片编程）

3. 程序烧写方法

程序下载完成后，如果 FPGA 断电，即恢复白片。如需保存程序，需进行烧写（固化），将程序存储在外部存储器，重新上电时，FPGA 从外部存储器读取程序进行配置。下面介绍 FPGA 程序烧写方法。

如图 1－14 所示，在程序下载完成后，双击"Create PROM File"进入烧写界面，在"Step 1. Select Storage Target"选项中选择"Configure Single FPGA"进入 Step 2。然后在"Step 2. Add Storage Device(s)"选项中选择"16M"（根据板卡不同，选择相应的容量）。最后在"Step 3. Enter Data"中保存 PROM 文件，其扩展名为".mcs"。下一步添加比特流文件，如图 1－15 所示，右击，选择"Generate File"即可生成 PROM 文件到相应文件夹中，若成功生成，则显示"Generate Succeeded"。

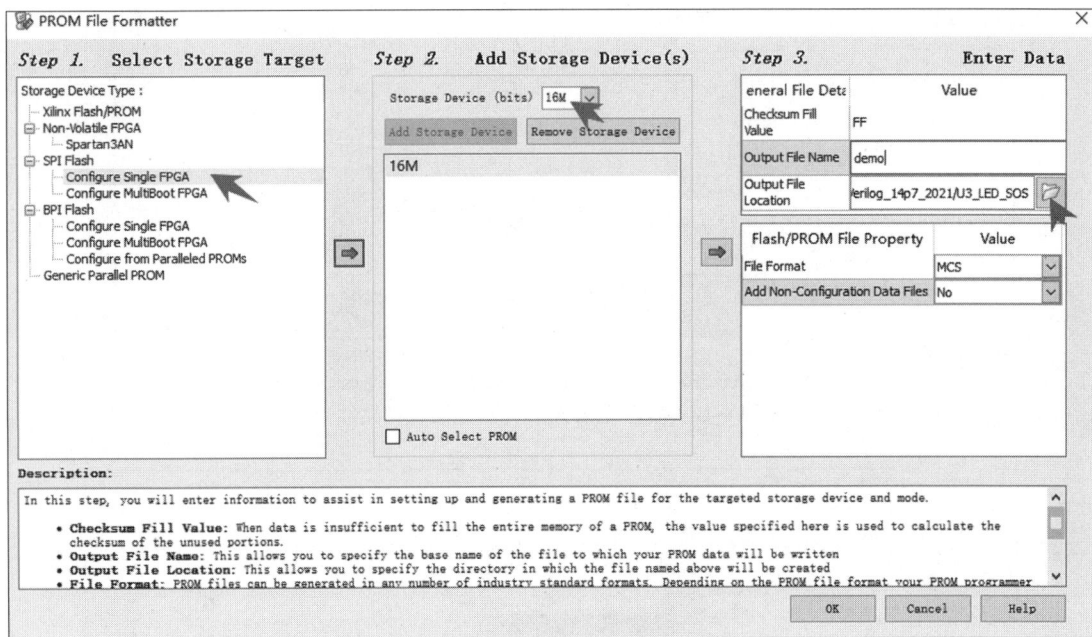

图 1－14　程序烧写界面初始化

生成 PROM 文件后，回到"Boundary Scan"页面，如图 1－16 所示，双击虚线框"SPI/BPI"，添加生成的 PROM 文件。然后在"SPI PROM"配置方式下选择外部存储器 PROM 芯片型号（取决于板卡硬件配置），本实验所用 PROM 芯片为 M25P16。然后右击，选择"FLASH"进行 Program 烧写，如果成功烧写，则显示"Program Succeeded"。

1.4.2　Vivado 设计软件

Vivado 软件是 Xilinx 于 2012 年发布的集成设计环境，涵盖设计输入、功能仿真、综合、布局布线、时序仿真、芯片编程与调试等 FPGA 设计全流程。图 1－17 为 Vivado 的开始界面，可以创建新工程，也可以打开本地工程。Vivado 工程的扩展名是 .xpr。

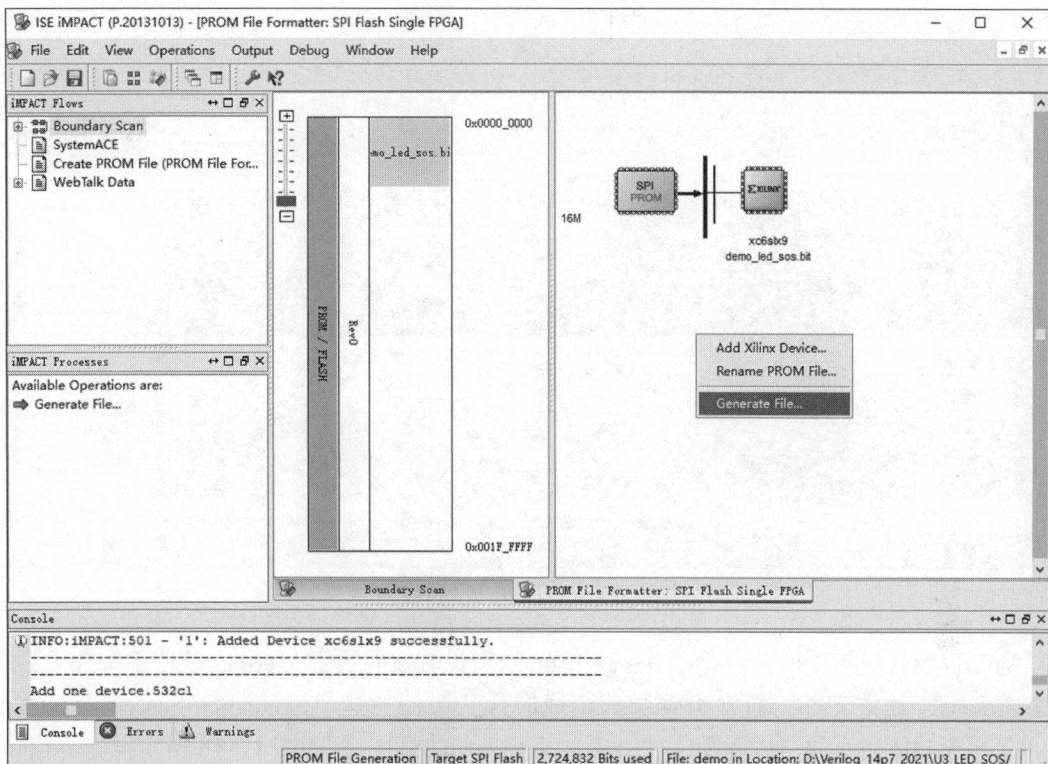

图 1 - 15 程序烧写界面（产生 PROM 文件）

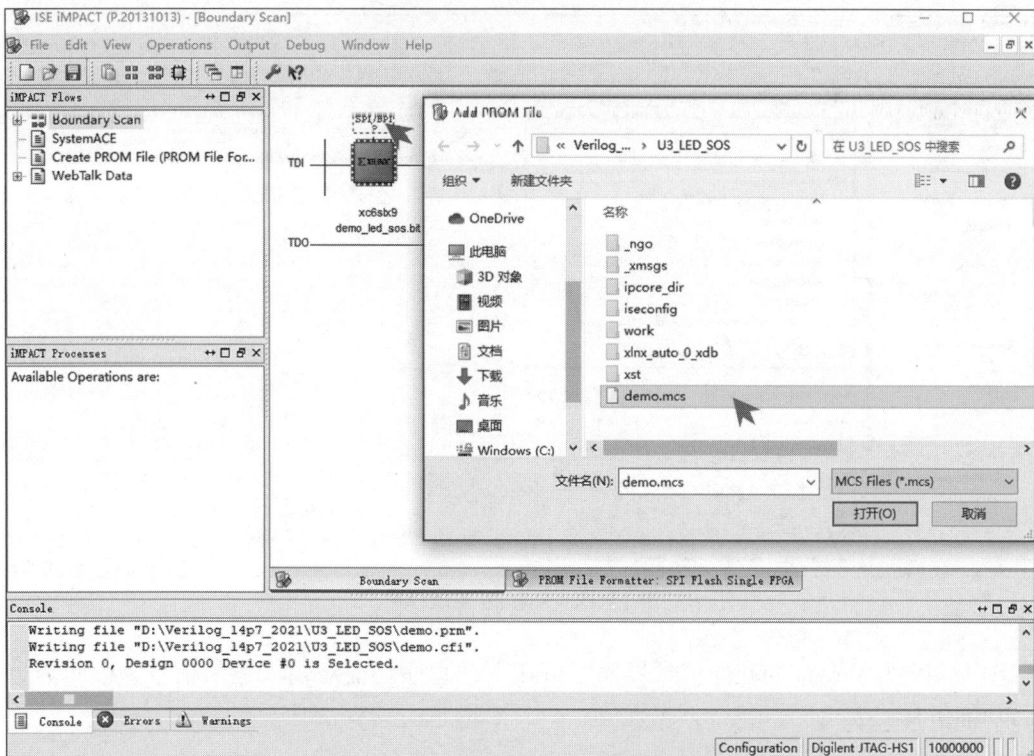

图 1 - 16 程序烧写界面（添加 PROM 文件）

图 1-17　Vivado 开始界面

Vivado 中有三类文件：一是"Design Sources"设计文件，是 Verilog 设计主程序；二是"Constraints"约束文件，通常为管脚约束或时序约束；三是"Simulation Sources"仿真文件，是用于功能仿真的测试激励文件，也称 Testbench 文件。例如图 1-18 所示操作界面中，设计文件为"LED_period. v"，约束文件为"LED1. xdc"，仿真文件为"LED_period_tb. v"。

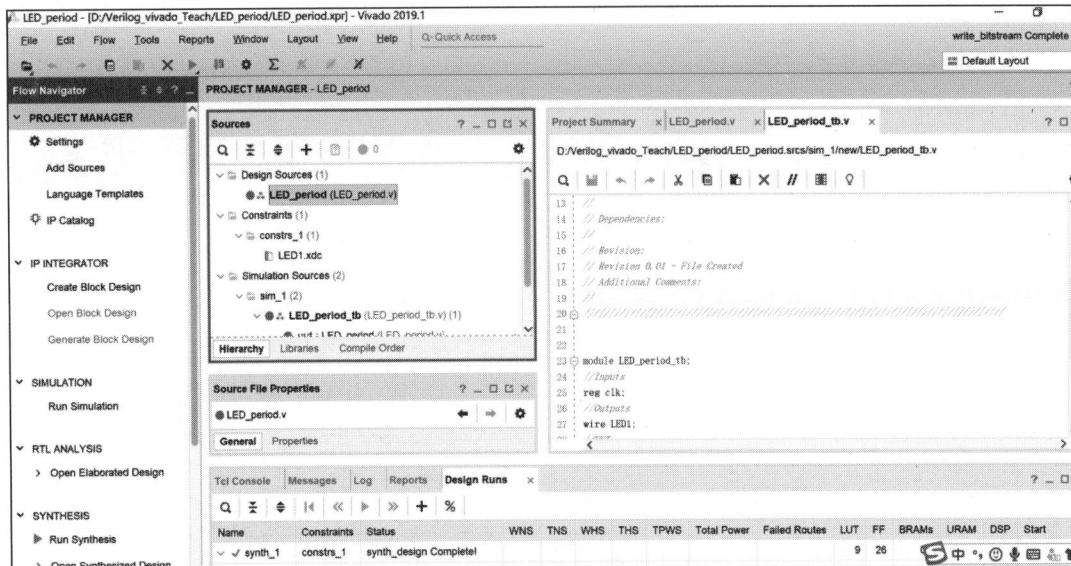

图 1-18　Vivado 操作界面

图 1-19 为 Vivado 的硬件仿真界面，可在下载程序之前对输入输出信号、中间信号等进行功能仿真。

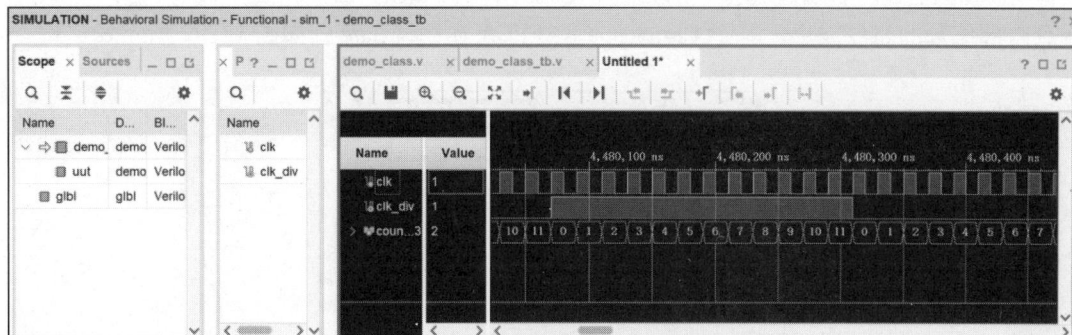

图 1-19 Vivado 硬件仿真界面

1.4.3 ModelSim 仿真软件

ModelSim 是 Verilog 硬件描述语言常用的仿真工具,该软件可以对设计的 VHDL、Verilog 或者是混合语言的程序进行仿真,以便调试。ModelSim 仿真界面如图 1-20 所示。

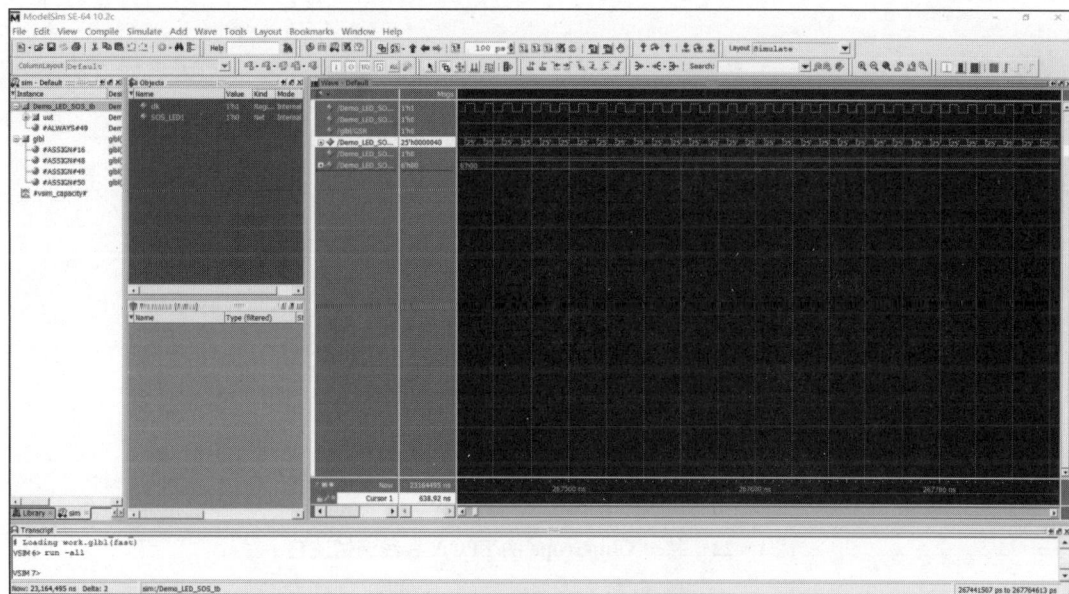

图 1-20 ModelSim 仿真界面

如果对 ISE 软件程序进行仿真,需要在安装完 ISE 软件并编译库之后关联 ModelSim,然后在 ISE 的 Simulation 状态下,通过测试激励文件 testbench,以第三方工具的形式打开 ModelSim 软件进行仿真,如图 1-21 所示。

1.4.4 ChipScope 调试软件

传统电路调试方法是在设计电路板时留有一定测试管脚,这种方法设计烦琐且直接影响板卡集成度,而用于测试信号的逻辑分析仪价格高昂。ChipScope 调试软件是一种便捷、高效的调试工具,利用 FPGA 空闲的块 RAM,根据用户设定的触发条件将信号实时地保存到这些块 RAM 中，然后通过 JTAG 下载器传送到计算机，最后在计算机上在线实时读取 FPGA 任意内部信号的时序波形。基于 ChipScope 的 FPGA 在线调试流程如图 1–22 所示。

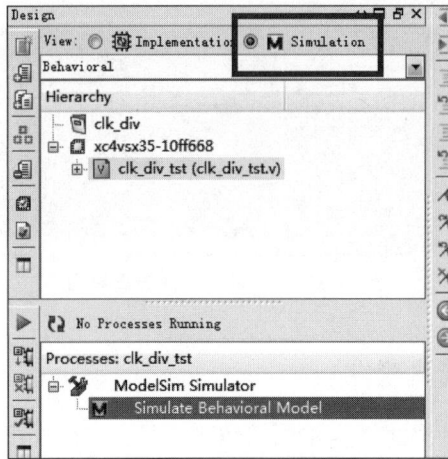

图 1–21　在 ISE 下打开 ModelSim

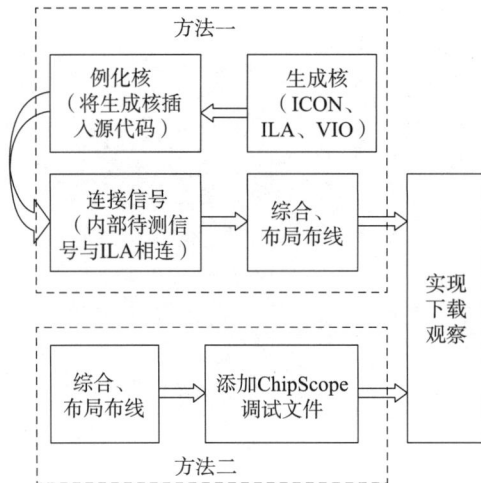

图 1–22　基于 ChipScope 的 FPGA 在线调试流程

方法一：首先创建 ChipScope 相关 IP 核 ICON、ILA、VIO 等，然后在源代码中例化这些核，设置核的时钟信号、触发信号，并将内部待测信号与 ILA 相连，经过综合、布局布线、下载比特流文件，最后经 JTAG 下载器在 ChipScope 观察信号的时序波形。

方法二：在 ISE 综合、布局布线完成后，添加 ChipScope 调试文件（扩展名为 .cdc），然后设置时钟信号、触发信号和待测信号，下载后，经 JTAG 下载器在 ChipScope 中观察信号的时序波形。

图 1–23 为 ChipScope 在线调试界面，在界面左侧选择 ILA、VIO 等核，在数据端口设置信号总线，在触发信号设置区设置触发条件，最后在信号时序观察区看到捕获信号时序。

图 1 – 23　ChipScope 在线调试界面

1.5　实验注意事项

（1）JTAG 下载线的卡口对准板卡的卡口。

（2）上电前，先连接好电源线、下载线，再打开板卡开关。

（3）断电前，先关闭板卡开关，再拔出电源线、下载线。

（4）注意人体静电防护。

第 2 章

Verilog 语法入门

本章针对 FPGA 初学者介绍 Verilog HDL 语言的基本语法和运用 Verilog HDL 语言设计电路的基本方法，理解 Verilog HDL 程序的基本结构，掌握 Verilog HDL 语言基本语法规则，能够进行基本数字电路编程与调试。

2.1　基本程序结构

一个模块的基本架构如图 2 - 1 所示。

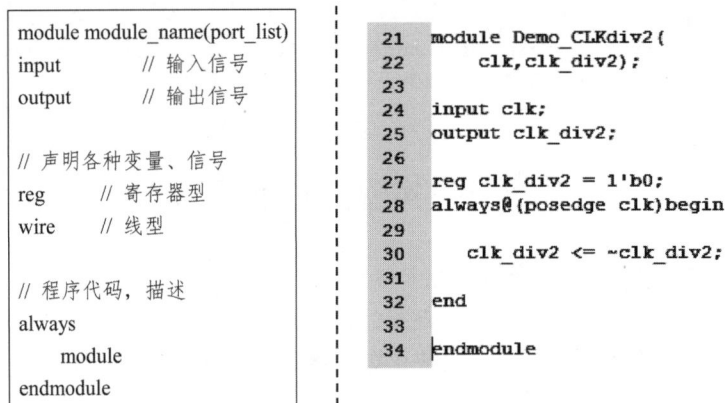

```
module module_name(port_list)
input       // 输入信号
output      // 输出信号

// 声明各种变量、信号
reg         // 寄存器型
wire        // 线型

// 程序代码，描述
always
    module
endmodule
```

```
21  module Demo_CLKdiv2(
22      clk,clk_div2);
23
24  input clk;
25  output clk_div2;
26
27  reg clk_div2 = 1'b0;
28  always@(posedge clk)begin
29
30      clk_div2 <= ~clk_div2;
31
32  end
33
34  endmodule
```

图 2 - 1　模块的基本架构

例如，某时钟二分频程序：

模块端口是指模块与外界交互信息的接口，包括 3 种类型：input——模块从外界读取数据的接口，在模块内不可写；output——模块往外界送出数据的接口，在模块内不可读；inout——数据双向流动。

声明部分用于定义各种变量/信号的类型、位宽、初始值等，例如，程序中使用的寄存器型或线网型变量参数。描述语句用于定义设计的功能和结构，是整个程序的关键核心模块。声明部分可以分散于模块的任何地方，但是变量、寄存器、线网和参数等的声明必须在使用前出现。

2.2　标志符与常量集合

标志符可以是一组字母、数字和下划线 "_" 的组合，第一个字符必须是字母或者下划线。请注意，标志符区分大小写。例如：CLK_100MHz、diag_state、_ce、P_01_02 为合法标志符。

常量分为 3 类：整数型、实数型及字符串型。常量中的下划线符号可以随意用在整数和实数中，没有实际意义，只是为了提高可读性。例如：56 等效于 5_6。标志符中的下划线则具有实际意义。

整数为常见的常量之一，可以用简单的十进制格式表示，也可以用基数表示格式。前者定义为带有 "+" 或 "-" 操作符的数字序列，例如：45，-45。基数表示格式为 n 位宽的二进制/十进制/十六进制数，例如：4'b1101 表示四位二进制数，等效十进制数 4'd13 或 4'hD；8'd6 表示八位十进制数；-8'd100 表示八位十进制数（负数）。

2.3　数据类型

Verilog HDL 共有 19 种数据类型，本书介绍其中 3 种常用的数据类型：wire 型、reg 型和 parameter 型。

1. wire 型

wire 型数据常用来表示以 assign 关键字指定的组合逻辑信号。Verilog 程序模块中，输入、输出信号类型默认为 wire 型（单比特）。wire 型信号的定义格式为：

```
wire[n-1:0]数据名1,数据名2,…,数据名N;
```

例如：

```
wire[9:0]a,b,c;
wire d;
```

2. reg 型

reg 是寄存器数据类型的关键字。always 块内被赋值的每一个信号都必须定义为 reg 型，即赋值操作符的右端变量必须是 reg 型。定义 N 个寄存器变量，每个位宽为 n 的格式为：

```
reg[n-1:0]数据名1,数据名2,…,数据名N;
```

例如：

```
reg[9:0]a,b,c;
reg d;
```

reg 型与 wire 型的区别是：reg 型保持最后一次的赋值（锁存器），而 wire 型则需要持续地驱动。

3. parameter 型

parameter 用来定义常量，可以提高程序的可读性和可维护性。定义一个位宽为 n 的 parameter 型信号格式为：

```
parameter[n-1:0]数据名 =参数;
```

例如：

```
parameter[7:0]freq_ctl =8'd20;
parameter d =1;
```

2.4　运算符

Verilog 运算符根据其功能，主要分为 8 类：基本算术运算符、赋值运算符、关系运算符、逻辑运算符、条件运算符、位运算符、移位运算符、拼接运算符。

1. 基本算术运算符

在 Verilog HDL 中，基本算术运算符是最常见的运算符，主要有：

（1）"＋"加法运算符或正值运算符，例如：a＋b；＋5。

（2）"－"减法运算符或负值运算符，例如：a－b；－5。

2. 赋值运算符

赋值运算符分为连续赋值与过程赋值两种。区别列于表 2－1。

表 2－1　连续赋值与过程赋值对比

赋值方式	连续赋值	过程赋值
赋值数据类型	线网型（wire）	寄存器型（reg）
模块	用于 assign 模块	用于 always 模块
符号	只使用"＝"	使用"＝"或"＜＝"
位置	不可出现在 always 语句和 initial 语句中	在 always 语句或 initial 语句中均可出现
执行条件	等号右端操作数的值发生变化时	与周围其他语句有关

1）连续赋值

连续赋值语句只能用来对线网型变量（wire）进行赋值，而不能对寄存器型变量（reg）进行赋值。连续赋值语句的特点是：连续赋值语句之间是并行语句，因此与位置顺序无关。只要右边表达式任一个变量有变化，表达式立即被计算，计算结果立即赋给左边信号。语法上，用关键词"assign"来标识。左侧被赋值的数据类型必须是线网型数据。连续赋值的基本语法格式为：

```
wire[n－1:0]数据名;
assign 数据名 =赋值表达式;
```

例如：

```
wire[1:0]a;
assign a =2'b10;
```

①对标量线网型赋值：

```
wire a,b;
assign a =b;
```

②对矢量线网型赋值：

```
wire[7:0]a,b;
assign a =b;
```

③对矢量线网型中的某一位赋值：

```
wire[7:0]a,b;
assign a[3] = b[1];
```

④对矢量线网型中的某几位赋值：

```
wire[7:0]a,b;
assign a[3:0] = b[3:0];
```

⑤对任意拼接的线网型赋值：

```
wire[7:0]a;
wire b;
wire[8:0]c;
assign c = {a,b};
```

需注意：表达式左、右两边的位宽必须相同。

2）过程赋值

过程赋值主要用于 always 模块中的赋值语句。过程赋值语句只能对寄存器型的变量进行操作。过程赋值又分为阻塞赋值和非阻塞赋值。

阻塞赋值使用 " = " 为变量赋值，赋值语句在每个右端表达式计算完后立即赋给左端变量。串行执行，前一条语句的执行结果直接影响到后面语句的执行结果。

非阻塞赋值使用 " <= " 为变量赋值，赋值语句右端表达式计算完后，并不立即赋值给左端，而是同时启动下一条语句继续执行，等进程结束时同时分别赋给左端变量。

阻塞赋值和非阻塞赋值使用注意：不要在同一个 always 块内同时使用阻塞赋值和非阻塞赋值。无论是使用阻塞赋值还是使用非阻塞赋值，不要在不同的 always 块内为同一个变量赋值。

3. 关系运算符

Verilog 常用关系运算符主要有 6 种，列于表 2 - 2。

表 2 - 2　关系运算符

运算符	表示意义
>	大于
>=	大于等于
<	小于
<=	小于等于
==	逻辑相等
!=	逻辑不相等

4. 逻辑运算符

Verilog 常用逻辑运算符见表 2 - 3。

表 2 – 3　逻辑运算符

运算符	表示意义
&&	逻辑与
||	逻辑或
!	逻辑非

5. 条件运算符

条件运算符的基本语法格式为：

```
y = x? a:b;
```

条件运算符有 3 个操作数，若第一个操作数 x 的值是 True(1)，则返回第二个操作数 a，否则，返回第三个操作数 b。例如：

```
wire y;
assign y = (s1 ==1)? a:b;
```

6. 位运算符

位运算符见表 2 – 4，除"~"运算符为单目运算符之外，其他均为双目运算符。

表 2 – 4　位运算符

运算符	表示意义
~	非
&	与
|	或
^	异或
^ ~	同或
~ &	与非
~ |	或非

7. 移位运算符

移位运算符只有两种："<<"（左移）和">>"（右移）。左移一位相当于乘以 2，右移一位相当于除以 2。实际应用中，经常通过不同移位数的组合来计算简单的乘法和除法。用法为：

```
操组数 << 移动位数
操组数 >> 移动位数
```

8. 拼接运算符

拼接运算符可以将两个或更多个信号的某些位合并起来进行运算操作。不仅可以对线网型变量进行拼接运算，还可以在 always 块中对寄存器型变量进行拼接运算。

```
wire[7:0]a;
wire b;
wire[8:0]c;
assign c = {a,b};
```

2.5　事件控制与流控制

1. 事件控制

事件控制分为两种：边沿触发事件控制和电平触发事件控制。

（1）边沿触发事件：指定信号的边沿信号跳变时发生指定的行为，分为信号的上升沿和下降沿控制。上升沿用 posedge 关键字描述，下降沿用 negedge 关键字描述。边沿触发事件控制的语法格式为：

```
@(<边沿触发事件>)行为语句;
```

（2）电平触发事件：指定信号的电平发生变化时发生指定的行为。电平触发事件控制的语法格式为：

```
@(<电平触发事件>)行为语句;
```

2. 流控制

流控制语句主要包括 3 类：跳转语句、分支语句和循环语句。其中，循环语句不建议初学者使用。

跳转语句（if 语句）格式为：

```
if(条件1)
        语句块1
else
        语句块2
```

分支语句（case 语句）格式为：

```
case(表达式)
        分支表达式:语句;
        默认项(default):语句;
endcase
```

2.6　语法注意要点

为保证 Verilog HDL 语句的可综合性，应注意以下要点：

（1）用 always 过程块描述组合逻辑时，应在敏感信号列表中列出所有的输入信号。

（2）Verilog 不能在一个以上的 always 过程块中对同一个变量进行赋值。对同一个赋值对象不能既使用阻塞式赋值，又使用非阻塞式赋值。

（3）避免混合使用上升沿和下降沿触发的触发器。

（4）同一个变量的赋值不能受多个时钟控制，也不能受两种不同的时钟条件（或者不同的时钟沿）控制。

（5）不使用循环次数不确定的循环语句，如 forever、while 等。

2.7　课后练习

1. 一个 Verilog 程序的基本程序结构是什么？

2. FPGA 芯片内部的资源主要有哪几种？

3. 八位十进制常量 8'd142 的二进制表示方法是什么？

4. 八位十进制常量 8'd41 的二进制表示方法是什么？

5. 八位有符号数 −8'd1 的二进制和十六进制表示方法分别是什么？

6. 常量 8'b1011_0110 与 8'b10110110 是否为同一个常量？

7. 简述 reg 型与 wire 型数据类型的定义格式（设位宽为 M）用法的区别。

8. 某段代码：

```
wire[3:0]a,b,c,d,e,f,g;
assign c = a +b;
assign d = a |b;
assign e = a&b;
assign f = ~a;
assign g = {b[3:1],a[1]};
```

条件：设 a、b 为模块的输入，c、d、e、f、g 为模块的输出，且 a =4'b1011，b =4'b0111。

问题：c 的二进制、十进制、十六进制表示方式分别是什么？d、e、f、g 呢？

9. 某段代码：

```
module Quiz(clk,sigout);
input clk;
output sigout;
reg sigout =1'b0;
reg[2:0]counter = 3'b000;
always @ (posedge clk)begin
    if(counter ==3'b101)begin
        sigout <= ~sigout;
        counter <=3'b000;
    end
    else begin
        sigout <=sigout;
        counter <=counter +3'b001;
    end
end
```

```
endmodule
```

请画出 clk、counter、sigout 信号的时序图。

10. 某段代码：

```
module Quiz(clk,sigout);
input clk;
output sigout;
reg sigout =1'b0;
reg[2:0]counter =3'b000;
always @ (posedge clk)begin
  if(counter ==3'b101)begin
        sigout <=1'b1;
        counter <=3'b000;
  end
  else begin
        sigout <=1'b0;
        counter <= counter +3'b001;
  end
end
endmodule
```

请画出 clk、counter、sigout 信号的时序图。

11. 某段代码：

```
module Quiz(clk,sigout);
input clk;
output sigout;
reg sigout =1'b0;
reg[2:0]counter =3'b000;
always @ (posedge clk)begin
  counter <= counter +3'b001;
  if(counter ==3'b101)begin
        sigout <=1'b1;
  end
  else begin
        sigout <=1'b0;
  end
end
endmodule
```

请画出 clk、counter、sigout 信号的时序图。

第二部分　基础验证型实验

第 3 章

LED 控制实验

3.1　流水灯控制实验

3.1.1　实验目的及要求

1. 实验目的

（1）掌握程序代码与硬件电路设计的映射关系。

（2）熟悉 FPGA 烧写固化 PROM 方法。

2. 实验要求

（1）实现功能：开发板上的 4 个 LED 灯 LED0～LED3 表示流水灯信号，灯亮顺序为 LED0、LED1、LED2、LED3、LED0、LED1、…，依此循环。每次灯亮持续时间 t 为 0.5 s。进行 FPGA 烧写，并观察烧写前后的实验情况。

（2）将 FPGA 烧写固化到 PROM 芯片中，关闭开发板电源控制开关，拔出 JTAG 下载线，再次打开电源检查 FPGA 实现的功能是否正常。

（3）修改程序，实现功能：灯亮循环顺序为 LED3、LED2、LED1、LED0、LED3、LED2、…，依此循环。其他参数不变。

3.1.2　实验原理及步骤

1. 实验原理

程序定义信号 LED0～LED3 的高低分别表示 LED0～LED3 灯的亮灭情况。例如，信号 LED0 置为逻辑"1"，则 LED0 亮；反之，信号 LED0 置为逻辑"0"，则 LED0 灭。图 3－1 为 LED 电路原理图。LED0～LED3 控制信号由 FPGA 产生，如图 3－2 所示，分别连接到 FPGA 的 P4、N5、P5、M6 管脚。而 FPGA 则通过编程控制管脚高低电平，如图 3－3 所示，用户在 ISE 软件采用 Verilog 语言进行编程，并在 UCF 文件中指定 FPGA 管脚号，从而将软件编程与硬件电路建立联系。

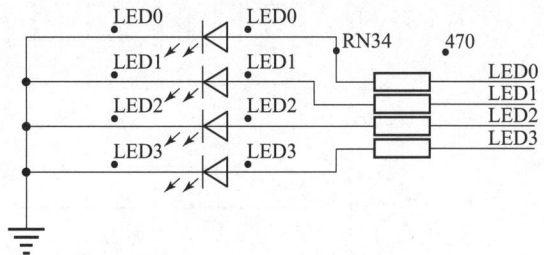

图 3－1　LED 电路原理图

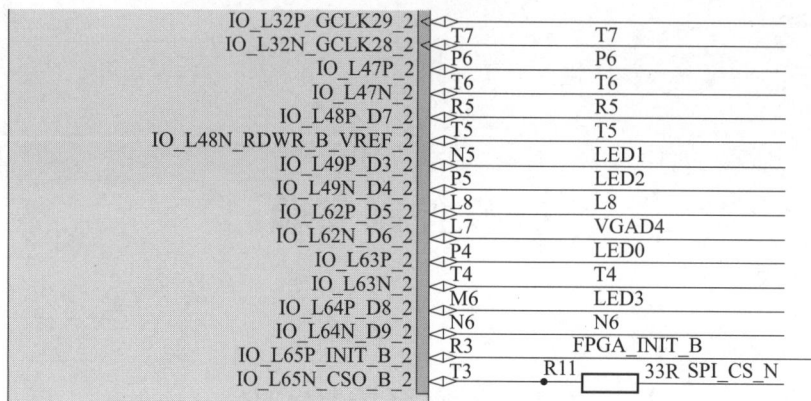

XC6SLX9-2FTG256C

图 3 - 2　FPGA 控制电路原理图

```
1   NET clk                      LOC = T8 | IOSTANDARD = "LVCMOS33";
2   Net clk TNM_NET = sys_clk;
3   TIMESPEC TS_sys_clk = PERIOD sys_clk 50 MHz;
4
5   NET LEDs<0>                   LOC = P4 | IOSTANDARD = "LVCMOS33";
6   NET LEDs<1>                   LOC = N5 | IOSTANDARD = "LVCMOS33";
7   NET LEDs<2>                   LOC = P5 | IOSTANDARD = "LVCMOS33";
8   NET LEDs<3>                   LOC = M6 | IOSTANDARD = "LVCMOS33";
```

图 3 - 3　管脚约束文件

2. 时序设计

LED 控制时序如图 3 - 4 所示。"计数器 1"（counter1 信号）在 50 MHz 系统时钟的驱动下，每次时钟上升沿加 1，直至 0.5 s，计数周期为 $0 \sim (N-1)$，其中，$N = 0.5 \text{ s}/0.02 \text{ μs} = 25\,000\,000$，计数器 1 的位宽为 $\log_2 N$ 进行上取整，即 25 bit。位宽为 2 bit 的"计数器 2"（counter2 信号）用于 4 个 LED 灯亮灭周期，判断计数器 1 为 $N-1$ 时，则计数器 2 加 1；当计到 3 时，由于其位宽为 2 bit，再加 1 则自动溢出为 0。

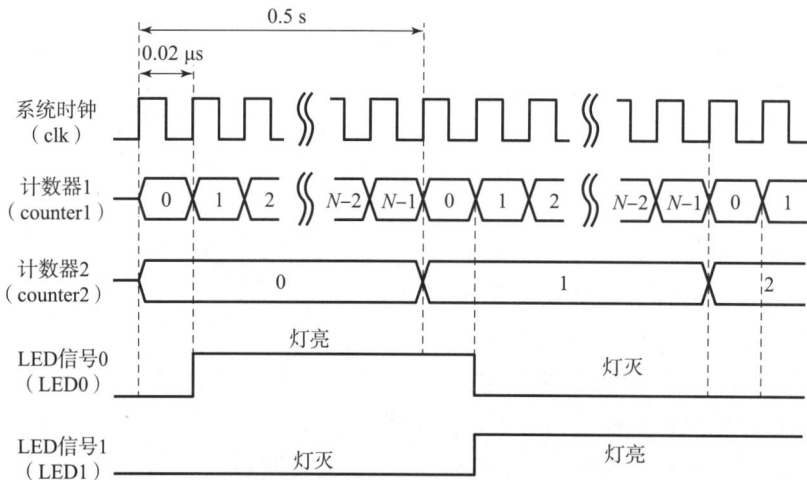

图 3 - 4　LED 控制时序

流水灯周期控制时序如图 3 - 5 所示。判断计数器 2 为 0，LED0 为高电平，LED1 ~ LED3 为低电平；判断计数器 2 为 1，LED1 为高电平，其他 3 个 LED 控制信号为低电平，一个流水灯的周期为 0.5 s × 4 = 2 s。建议采用 case 并行判断语句进行控制。

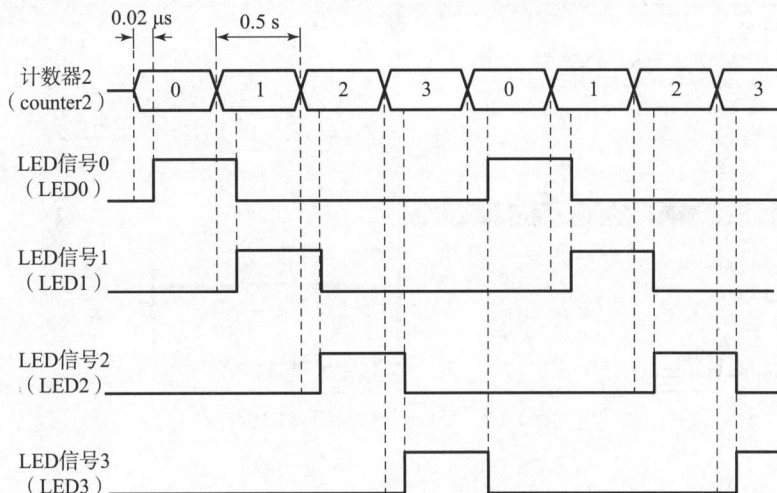

图 3 - 5　流水灯周期控制时序

3. 实验步骤（ISE 软件）

（1）新建 ISE 工程。选择 "File" → "New Project"，输入工程名字和存储位置（目录不包含中文或其他特殊字符），选择相应 FPGA 型号。例如 Spartan6 系列 XC6SLX9 - 3FTG256，如图 3 - 6 所示。

Property Name	Value
Evaluation Development Board	None Specified
Product Category	All
Family	Spartan6
Device	XC6SLX9
Package	FTG256
Speed	-3

图 3 - 6　新建 ISE 工程

（2）新建 Verilog 文件。选择 "Project" → "New Source"，在 "New Source Wizard" 对话框中选择 "Verilog Module"，输入 File name（自行命名），如图 3 - 7 所示。

（3）在上一步新建的 . v 文件中编写 Verilog 程序代码。参考代码如图 3 - 8 所示。

（4）新建管脚约束文件。单击菜单 "Project" → "New Source"，选择 "Implementation Constraints File"，输入图 3 - 3 所示代码对时钟和 LED 进行管脚约束。注意：管脚约束文件 UCF 中的时钟、LED 信号等所有信号名称必须与步骤（3）所定义的顶层输入/输出端口信号名称完全一致。

（5）选中顶层文件，然后双击 "Generate Programming File"，生成比特流文件，其扩展名为 . bit，如图 3 - 9 所示。如有错误提示，返回程序修改。如果 Synthesize（综合）提示错

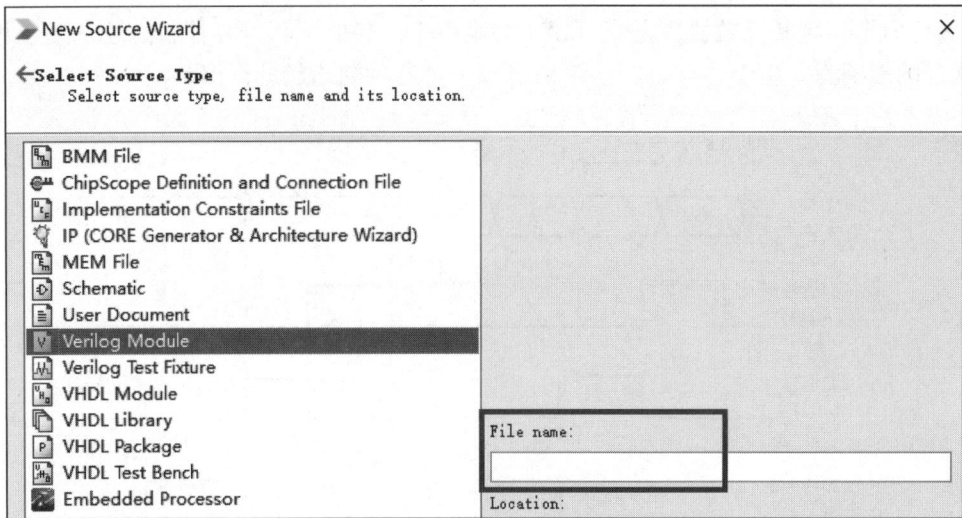

图 3 – 7　ISE 新建 Verilog 文件

```
21    module LiuShuiDeng(
22        clk,LEDs);
23    input clk;
24    output [3:0] LEDs;
25
26    reg [24:0] counter1 = 25'd0; // 计数范围: 0~24999999
27    reg [1:0] counter2 = 2'd0;   // 计数范围: 0~3
28    always @(posedge clk)begin
29        if(counter1 == 25'd24999999)begin
30            counter1 <= 25'd0;
31            counter2 <= counter2+ 2'd1;
32        end
33        else begin
34            counter1 <= counter1 + 25'd1;
35            counter2 <= counter2;
36        end
37
38        case(counter2)
39        2'd0:LEDs <= 4'b0001;
40        2'd1:LEDs <= 4'b0010;
41        2'd2:LEDs <= 4'b0100;
42        2'd3:LEDs <= 4'b1000;
43        default:;
44        endcase
45    end
```

　　　　　LiuShuiDeng.v　　　　　❌　📄　　　　　LEDs

图 3 – 8　流水灯部分代码

误，重点检查 .v 文件中的语法；如果 Implement Design（布局布线）提示错误，重点检查
.ucf 文件的语法、信号名称是否与程序端口列表中的信号名称一致等。

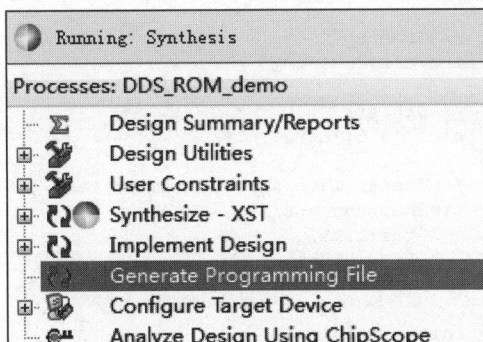

图 3 - 9　ISE 生成比特文件

（6）在仿真环境中对程序功能进行仿真，检查信号时序是否与设计时序一致。若不一致，返回程序修改。具体方法为：①新建测试激励文件：选中顶层文件，单击菜单"Project"→"New Source"，选择"Verilog Test Fixture"，输入 File name（自行命名），如图 3 - 10 所示；②在新建测试激励文件中输入时钟，由于本实验的系统时钟为 50 MHz，即时钟周期为 20 ns，因此激励时钟需每 10 ns 改变一次电平，如图 3 - 11 所示；③在"Simulation"状态下，选中顶层文件，然后双击"Simulate Behavioral Model"，进入 ModelSim 仿真，如图 3 - 12 所示。

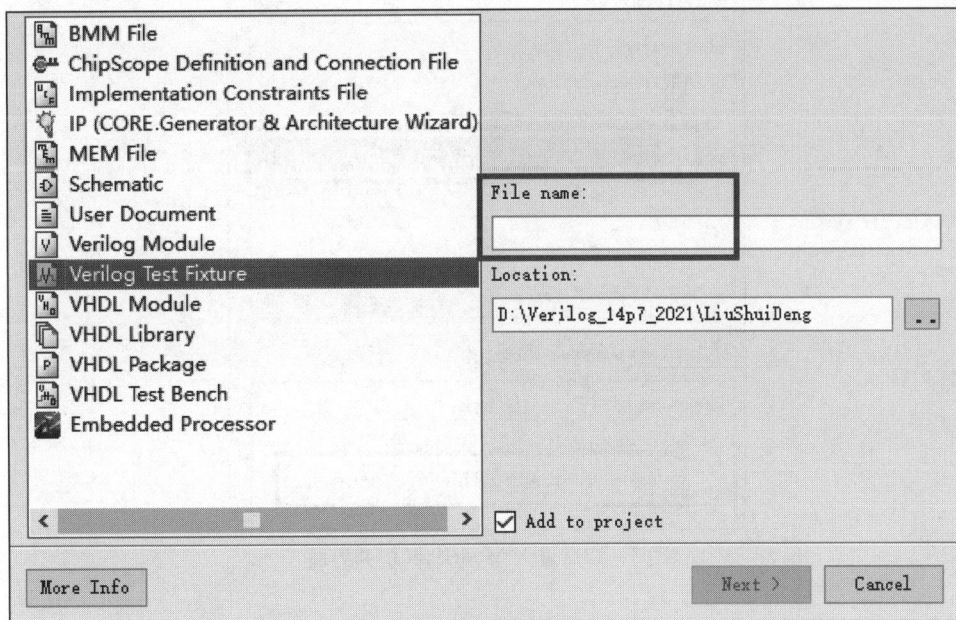

图 3 - 10　新建测试激励文件

（7）通过 JTAG 下载器将 Verilog 硬件程序下载到 FPGA 开发板上，观察实验结果。具体操作方法请参考第 1.3.1 节程序下载方法。

（8）参考第 1.3.1 节程序烧写方法，将 FPGA 烧写固化到 PROM 芯片中，关闭开发板电源控制开关，拔出 JTAG 下载线，检查 FPGA 实现的功能是否正常。

```
25  module LED_testbench;
26
27      // Inputs
28      reg clk;
29
30      // Outputs
31      wire [3:0] LEDs;
32
33      // Instantiate the Unit Under Test (UUT)
34      LiuShuiDeng uut (
35          .clk(clk),
36          .LEDs(LEDs)
37      );
38
39      initial begin
40          // Initialize Inputs
41          clk = 0;
42
43          // Wait 100 ns for global reset to finish
44          #100;
45          // Add stimulus here
46      end
47  always #10 clk = ~clk;
48  endmodule
```

图 3 - 11　输入测试激励时钟

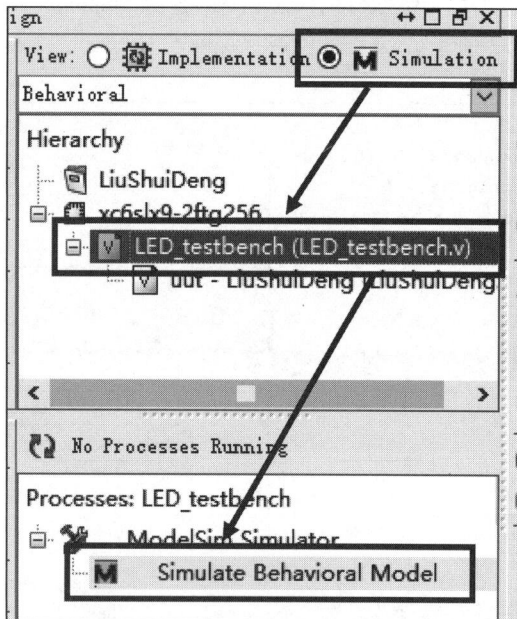

图 3 - 12　进入 ModelSim 仿真界面

（9）完成实验要求（3）。

4. 实验步骤（Vivado 软件）

（1）新建工程。双击桌面上的 Vivado 快捷方式图标，选择"Create Project"，如图 3 - 13 所示。在弹出的 Vivado 向导中单击"Next"按钮，选择工程存放的目录（不含中文），并输入工程名称。在弹出的"Project Type"对话框中选择"RTL Project"，并勾选"Do not specify sources at this time"。

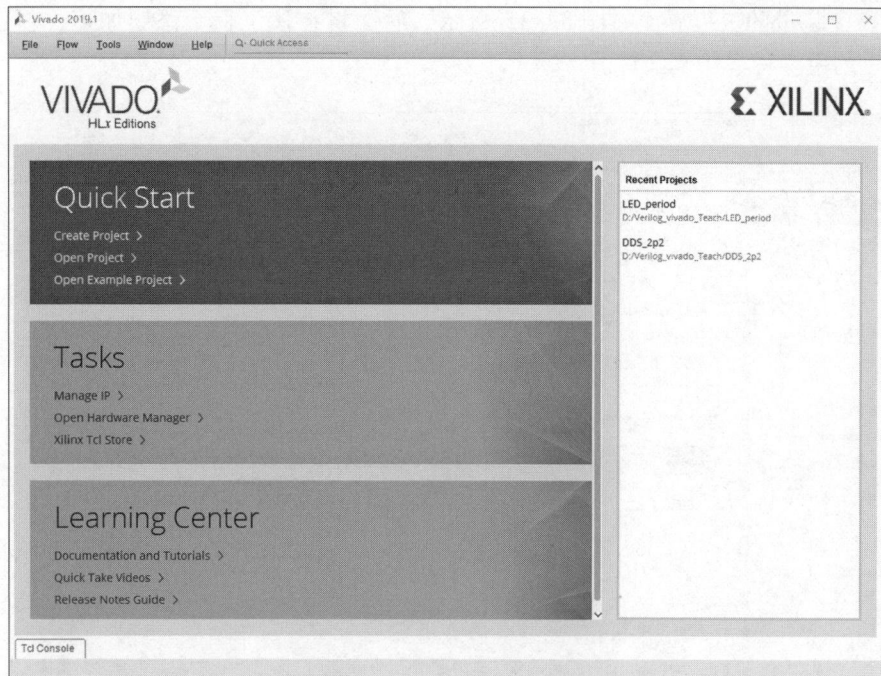

图 3 - 13　Vivado 新建工程

（2）在设计向导中选择本实验平台对应的 FPGA 芯片型号，Family 选 "Artix - 7"，Package 选 "fgg484"，在列表中选择本课程板卡所对应的 FPGA 芯片型号 "xc7a35tfgg484 - 2"，如图 3 - 14 所示。并在下一步骤确认型号 "xc7a35tfgg484 - 2"，单击 "Finish" 按钮完成工程新建。

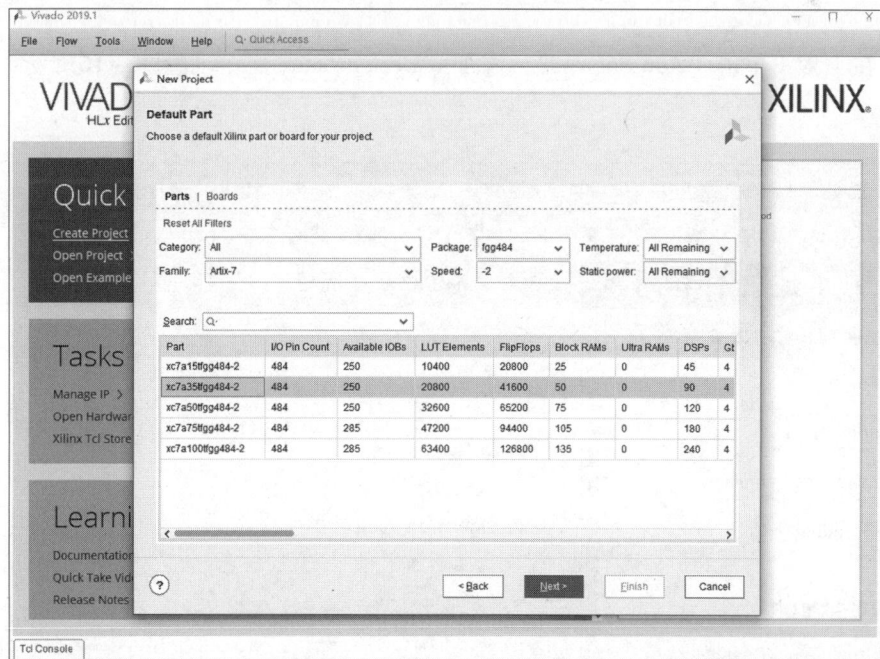

图 3 - 14　选择相应芯片型号

（3）新建完成的工程界面如图 3 – 15 所示，后面将在该工程下添砖加瓦，新建或加入设计文件、约束文件、仿真文件。

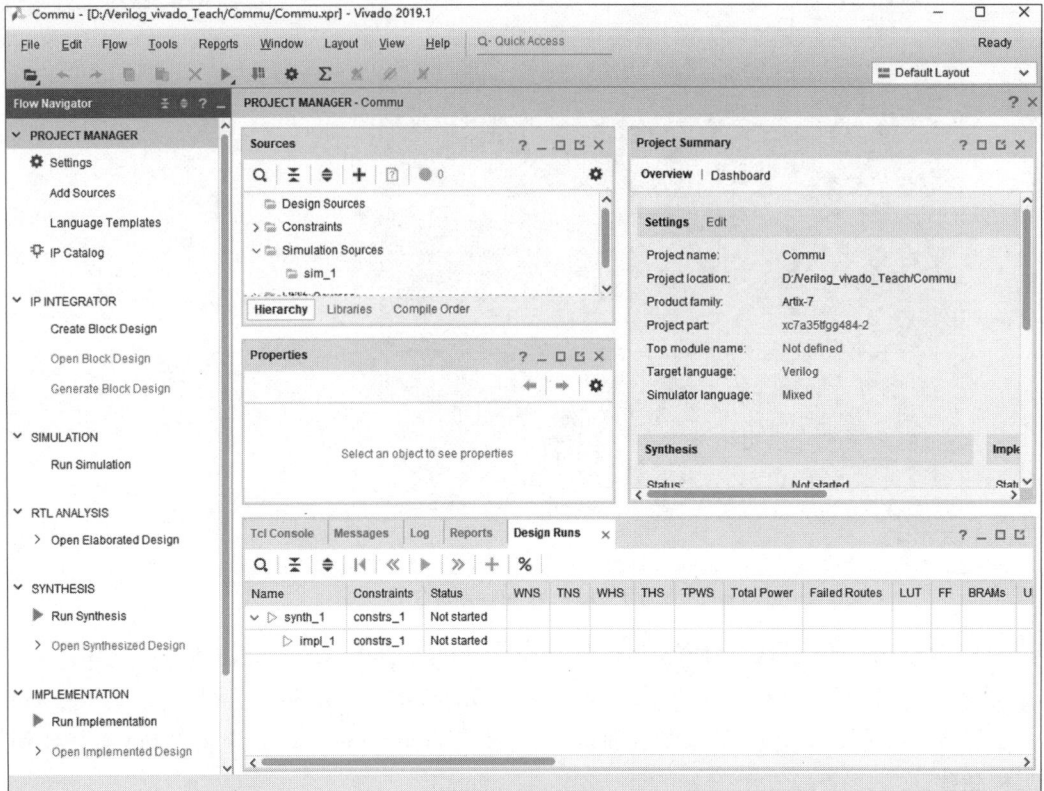

图 3 – 15　新建工程后的 Vivado 界面

（4）在工程下单击"Add Sources"，添加"Design Sources"，如图 3 – 16 所示，自行命名后完成。

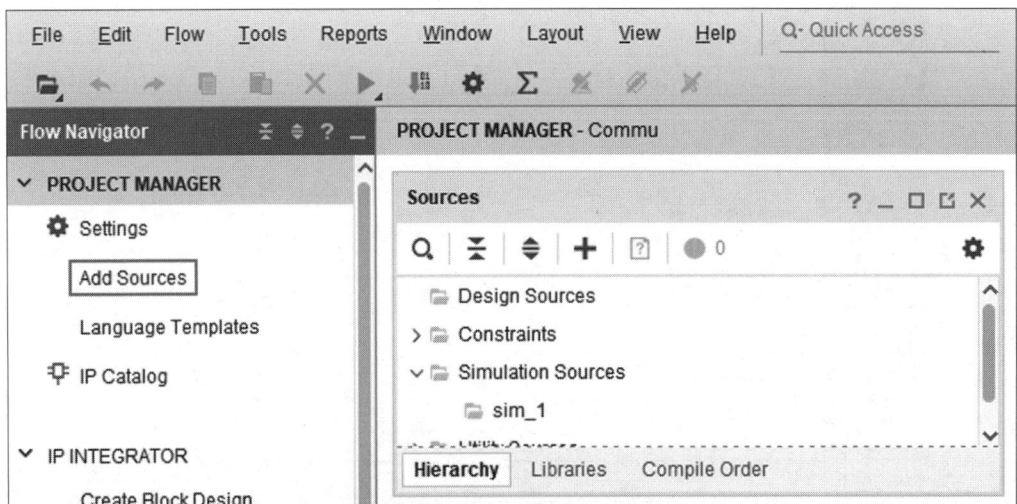

图 3 – 16　Vivado 添加设计文件

（5）添加设计文件完成后，在工程管理区出现该文件，双击打开进行程序编写，如图 3 –
17 所示。

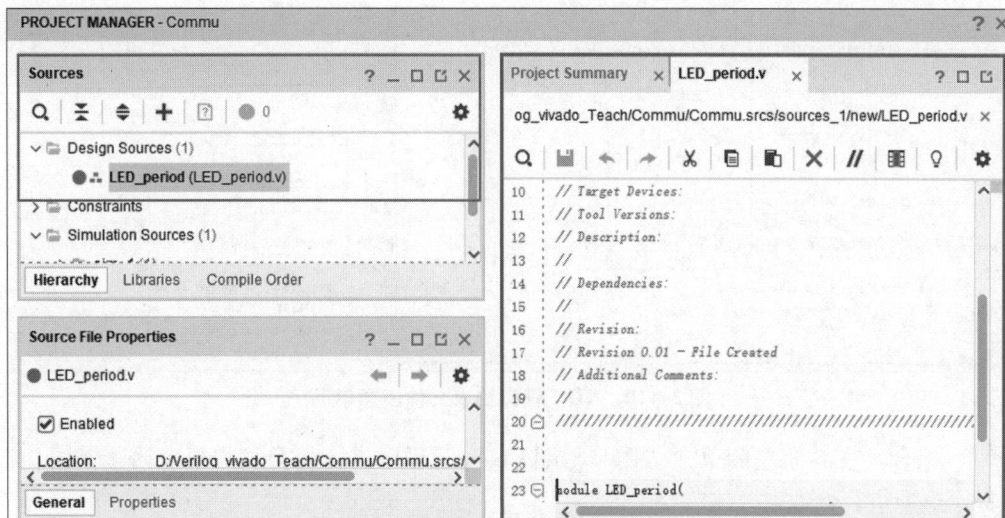

图 3 –17　Vivado 编写设计文件

（6）添加 XDC 管脚约束文件，如图 3 –18 所示。管脚约束文件内的信号名称必须与设
计文件中输入/输出端口的名称一致，并且比特数一致，如图 3 –19 所示，否则，将在布局
布线阶段报错。

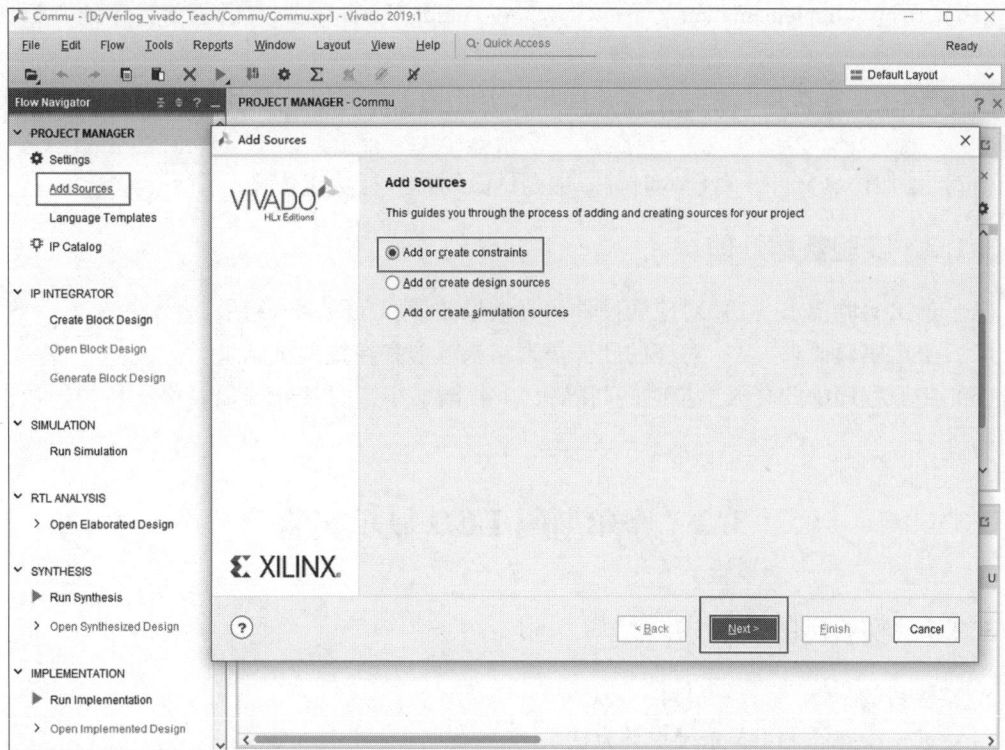

图 3 –18　添加 XDC 管脚约束文件

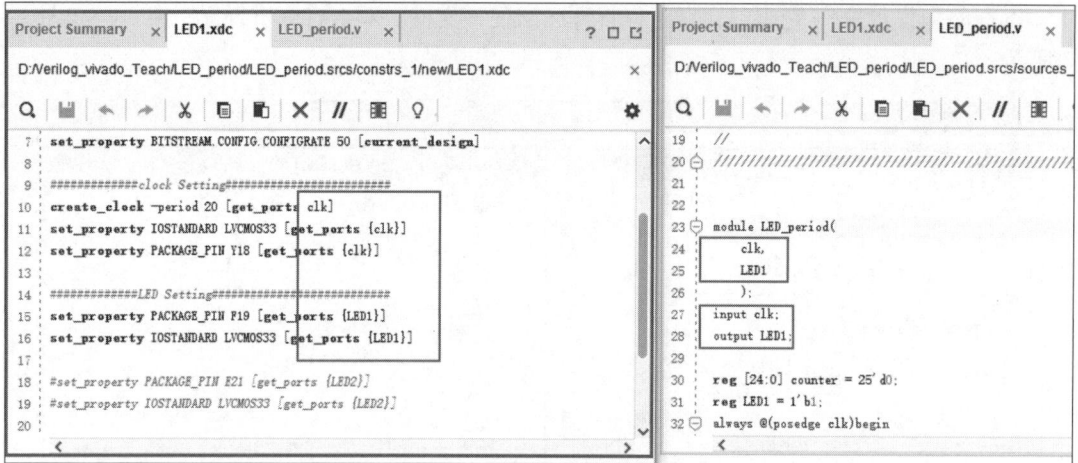

图 3-19 XDC 管脚约束文件注意事项

（7）综合。在界面左侧单击"Run Synthesis"对程序进行综合。如果有语法错误，根据错误提示返回进行修改。

（8）布局布线。完成综合编译后，进行布局布线实现（Implementation）。如果 Implementation 出现错误，可能是 .xdc 管脚约束文件出错，根据错误提示返回修改，直至通过。

（9）生成数据流文件。通过 Implementation 后，单击界面左侧的"Generate Bitstream"，生成位数据流文件。

（10）通过"Implementation"下的"Report Timing Summary"查看当前程序的资源占用情况。

（11）连接下载器和电源适配器，打开板卡开关，将程序下载到实验平台，观察实验现象。

（12）添加仿真文件，对输入时钟添加测试激励，进行功能仿真。

3.1.3 实验数据处理

（1）给出实验要求（1）对应的硬件仿真结果波形和在线调试结果。

（2）给出实验要求（3）对应的硬件仿真结果波形和在线调试结果。

（3）将原程序中的亮灭单位时间间隔 0.5 s 逐渐缩小，观察分辨 LED 亮灭所需的最小时间间隔。

3.2 摩尔斯码 LED 显示实验

3.2.1 实验目的及要求

1. 实验目的

（1）进一步熟悉 FPGA 系统设计方法。

（2）掌握 FPGA 烧写固化 PROM 方法。

2. 实验要求

（1）基于 FPGA 实现摩尔斯电码 LED 显示实验，实现功能：初始化，4 个 LED 灯控制信号均为 "0"，灯均为灭；然后，LED0 以亮灭情况表示摩尔斯电码 SOS 信号，间隔 3 s 后，再次显示 SOS 信号。

（2）令 LED0 ~ LED3 这 4 个 LED 同时显示摩尔斯电码 SOS 信号。

（3）在上述 LED0 显示摩尔斯电码 SOS 信号的基础上，查阅摩尔斯电码表，通过 LED1 显示 BIT 的摩尔斯电码。

3.2.2　实验原理及步骤

1. 实验原理

美国画家、电报之父塞缪尔·摩尔斯（1791—1872）于 1839 年发明摩尔斯码，1844 年，摩尔斯从华盛顿向 40 mile[①] 以外的巴尔的摩城发出了历史上第一份长途电报。摩尔斯电码是一种时通时断的信号代码，通过不同的排列顺序来表达不同的英文字母、数字和标点符号。其中，26 个英文字母对应的摩尔斯电码见表 3-1。

表 3-1　摩尔斯电码表

字符	电码符号	字符	电码符号	字符	电码符号
A	·—	J	·———	S	···
B	—···	K	—·—	T	—
C	—·—·	L	·—··	U	··—
D	—··	M	——	V	···—
E	·	N	—·	W	·——
F	··—·	O	———	X	—··—
G	——·	P	·——·	Y	—·——
H	····	Q	——·—	Z	——··
I	··	R	·—·		

从表 3-1 可以看出，摩尔斯电码由两种基本信号组成：短促的点信号 "·"，读 "滴"；保持一定时间的长信号 "—"，读 "嗒"。持续时间分别为：滴 = t，嗒 = $3t$，滴嗒间 = t，单词间 = $7t$，其中，t 为一个时间单元。

2. 时序设计

由表 3-1 可知，SOS 在摩尔斯电码中对应 ···———···，嗒（长划）持续 1.5 s，滴（短点）持续 0.5 s，中间间隔 0.5 s，对应的 LED 亮灭情况如图 3-20 所示。

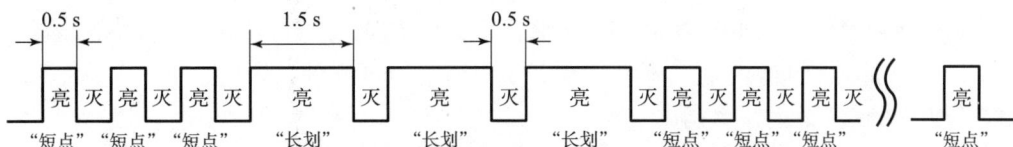

图 3-20　摩尔斯码 SOS 对应的 LED 亮灭情况示意图

① 1 mile = 1.61 km。

从图 3 – 20 可以看出，一个 SOS 显示周期共 24 个 0.5 s，加上间隔的 3 s，则 SOS 显示周期为 15 s。可将上节时序中的"计数器 2"信号定义为 5 bit，采用 case 语句对 LED0 进行控制。设计时序如图 3 – 21 所示。计数器 1 在每个时钟上升沿加 1 直至 $N - 1$，$N = 0.5$ s/0.02 μs = 25 000 000；当计数器 1 计满时，使能信号变高一次，高电平持续时间为 1 个时钟周期，同时计数器 2 加 1；当计数器 2 为 0、2、4、6 ~ 8、10 ~ 12、14 ~ 16、18、20、22 时，LED 控制信号为高电平（灯亮），否则，为低电平（灯灭）。

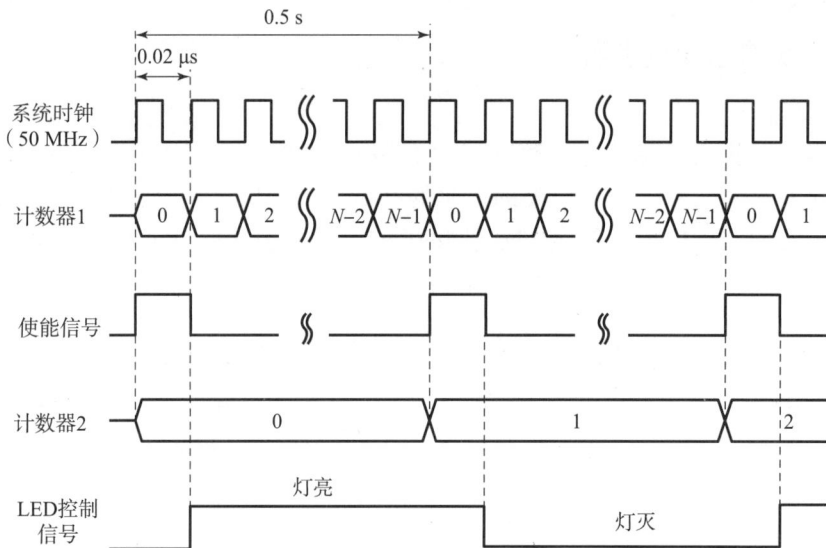

图 3 – 21　摩尔斯码 SOS 设计时序

3. 实验步骤

（1）新建工程，选择"File"→"New Project"，输入工程名字和存储位置，选择相应 FPGA 型号：Spartan6 系列 XC6SLX9 – 3FTG256。

（2）新建 Verilog 文件（.v 文件）。对于 ISE 软件，选择"Project"→"New Source"，在"New Source Wizard"对话框中选择"Verilog Module"，并输入 File 名称。对于 Vivado 软件，选择"Project Manager"→"Add Sources"→"Add or create design sources"→"Create File"。

（3）在上一步新建的 .v 文件中编写 Verilog 程序代码。参考代码如附录 B 所示。

（4）新建管脚约束文件。单击菜单"Project"→"New Source"，选择"Implementation Constraints File"，对时钟和 LED 进行管脚约束。如果是 Vivado 软件，则管脚约束文件为 XDC 文件。

（5）选中顶层文件，然后双击"Generate Programming File"，生成 .bit 文件。如有错误提示，则返回程序修改。如果 Synthesize（综合）提示错误，重点检查 .v 文件中的语法；如果 Implement Design（布局布线）提示错误，重点检查 .ucf 文件的语法、信号名称是否与程序端口列表中的信号名称一致等。

（6）在 ModelSim 或 Vivado 仿真环境中对程序功能进行仿真，检查信号时序是否与设计时序一致。若不一致，返回程序修改。由于仿真运行时间较长，可适当修改计数器，令亮（灭）持续时间缩短，检查时序无误后，恢复原持续时间。

（7）通过 JTAG 下载器将 Verilog 硬件程序下载到 FPGA 开发板上，观察实验结果。图 3 - 22 将使能信号作为触发信号，每 0.5 s 保存一组计数器 2 和 LED 控制信号数据。

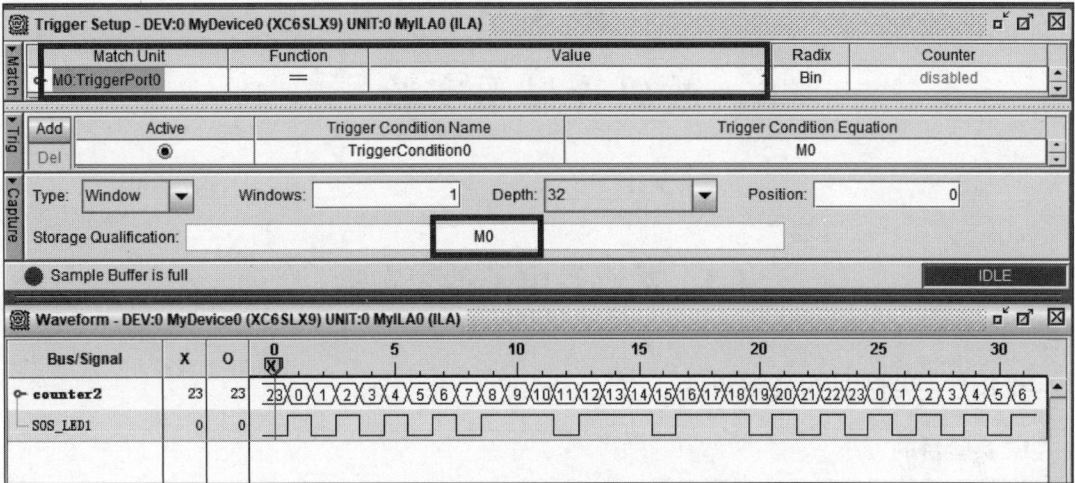

图 3 - 22　摩尔斯码 SOS 的在线调试时序

（8）完成实验要求（2）。

3.2.3　实验数据处理

（1）给出实验要求（1）对应的硬件仿真结果波形和在线调试结果。
（2）给出实验要求（3）对应的硬件仿真结果波形和在线调试结果。

第4章

数码管显示实验

4.1 数码管电子秒表实验

4.1.1 实验目的及要求

1. 实验目的

(1) 熟悉数码管显示控制原理。

(2) 掌握电子秒表的 FPGA 设计方法。

2. 实验要求

(1) 基于开发板上的六位数码管,实现固定数字显示:从左至右的六位数码管依次显示数字"A B. C D. D E"(A B、C D、D E 分别为自己出生的年、月、日,中间由点隔开)。

(2) 实现电子秒表功能:初始化数码管均显示"00.00.00";前两位数码管显示"分",显示数值范围:00 ~ 59,最小计时间隔:1 min;中间两位数码管显示"秒",显示数值范围:00 ~ 59,最小计时间隔:1 s;最后两位数码管显示"毫秒",显示数值范围:00 ~ 99,最小计时间隔:10 ms。

4.1.2 实验原理及步骤

1. 实验原理

数码管分为七段数码管和八段数码管,区别在于八段数码管比七段数码管多了一个"点"。本书采用的数码管为 6 位八段共阳极数码管,当某一字段对应引脚为低电平时,相应字段被点亮,当某一字段对应引脚为高电平时,相应字段不亮。图 4 – 1 为八段数码管示意图。

在工程实现中,数码管硬件电路基于动态显示原理,即利用人眼的视觉暂留效应及发光二极管的余辉效应,从左到右逐一点

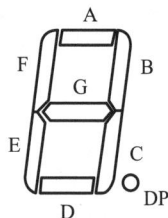

图 4 – 1 八段数码管示意图

亮数码管。尽管实际上各位数码管并非同时点亮,但只要扫描的速度足够快(每个数码管点亮时间为 1 ms,扫描一遍时间为 6 ms),人眼看起来是一组稳定数据。若扫描频率过低,显示会发生闪烁现象;扫描频率过高,则亮度较差且占用不必要的硬件资源。因而本实验 6 位八段数码管仅需 6 bit 用于片选信号、8 bit 用于段选信号。电路原理如图 4 – 2 所示。

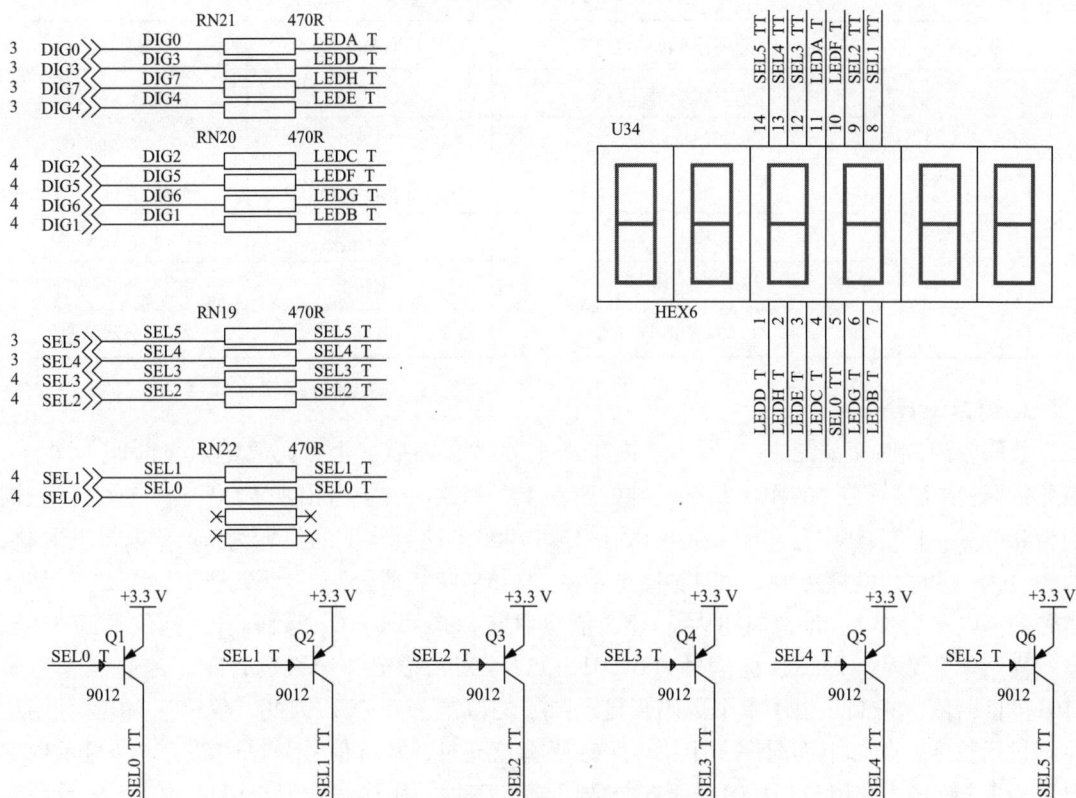

图 4-2　数码管电路原理图

在 FPGA 端对应的段选控制信号引脚列于表 4-1，若要显示数字"0"，则 Sig_Seg 段选控制信号应为 8'b1100_0000（低电平有效）。请写出数字 1～9 对应的 Sig_Seg 段选控制信号。片选控制信号引脚列于表 4-2，若扫描至第 1 个数码管点亮，则 CS 片选控制信号应为 6'b011_111（低电平有效）。

表 4-1　段选控制信号引脚

控制信号	引脚名称	FPGA 引脚	说明
8 bit 段选信号	Sig_Seg[0]	C7	数码管段 A
	Sig_Seg[1]	E6	数码管段 B
	Sig_Seg[2]	C5	数码管段 C
	Sig_Seg[3]	F7	数码管段 D
	Sig_Seg[4]	D6	数码管段 E
	Sig_Seg[5]	E7	数码管段 F
	Sig_Seg[6]	D5	数码管段 G
	Sig_Seg[7]	C6	数码管段 DP

表 4 - 2　片选控制信号引脚

控制信号	引脚名称	FPGA 引脚	说明
6 bit 片选信号	CS[0]	D8	第 6 个数码管
	CS[1]	E8	第 5 个数码管
	CS[2]	F9	第 4 个数码管
	CS[3]	F10	第 3 个数码管
	CS[4]	E10	第 2 个数码管
	CS[5]	D9	第 1 个数码管

2. 时序设计

数码管控制时序如图 4 - 3 所示。由于本实验动态扫描一个数码管的点亮时间为 1 ms，因此，"计数器 1" 在 50 MHz 系统时钟的驱动下，每次时钟上升沿加 1，直至 1 ms；计数周期为 $0 \sim (K-1)$，其中，$K = 1 \text{ ms}/0.02 \text{ μs} = 50\ 000$；计数器 1 的位宽为 $\log_2 K$ 进行上取整，即 16 bit。同时，设置持续 1 个时钟高电平的 "1 ms 使能信号"。"计数器 2" 在 1 ms 使能信号的高电平后加 1，计数周期为 $0 \sim 5$，依次对应扫描第 $1 \sim 6$ 个数码管，其位宽为 3 bit。当扫描第 1 个数码管时，片选信号为 6'b011_111；当扫描第 2 个数码管时，片选信号为 6'b101_111，依次控制。由于单个数码管显示数字的范围为 $0 \sim 9$，因此，仅需 4 bit 信号用于控制显示数字，例如下面时序图中第 1 个数码管点亮时，片选信号为 6'b011_111，显示数字 "1"，段选信号为 8'b1111_1001；第 5 个数码管点亮时，片选信号为 6'b111_101，显示数字 "5"，段选信号为 8'b1001_0010；第 6 个数码管点亮时，片选信号为 6'b111_110，显示数字 "6"，段选信号为 8'b1000_0010。

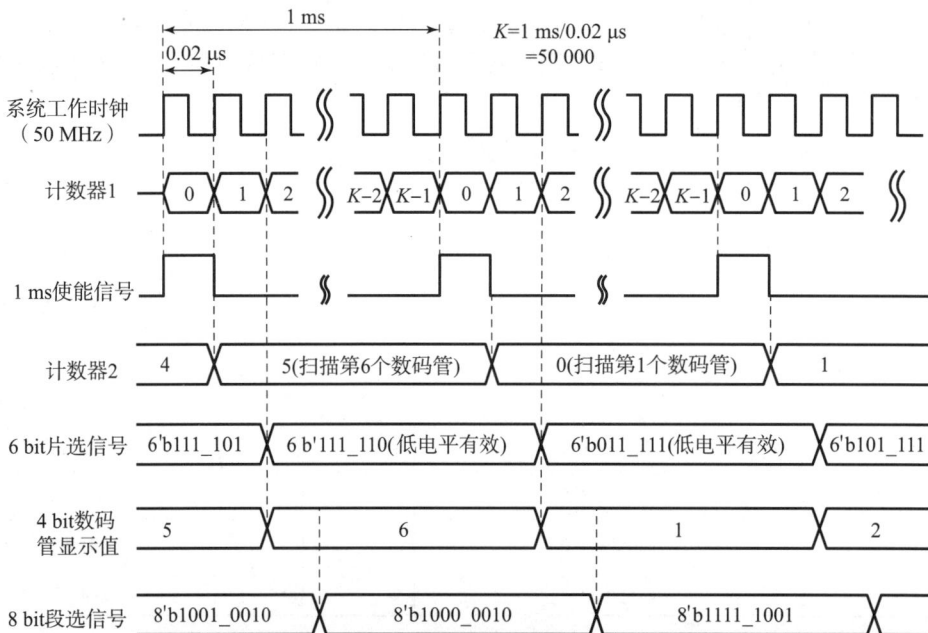

图 4 - 3　数码管控制时序

本实验要求实现电子秒表，一种直接控制方式是利用"分""秒""毫秒"之间的进位关系，但这种方式的判断逻辑嵌套较多，不适合 FPGA 并行运算特点。因此，可采用"分""秒""毫秒"独立控制方式，如图 4 - 4 所示，位宽为 19 bit 的"计数器 3"的计数范围为 0 ~ 500 000；单比特"10 ms 使能信号"用于毫秒计数器 4，显示数值为 00 ~ 99 循环；"1 s 使能信号"则用于秒计数器，分计数器同理。

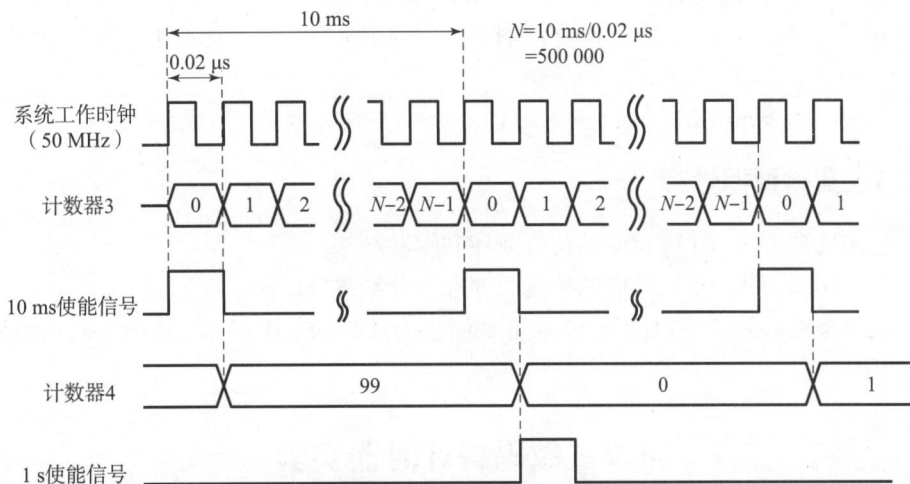

图 4 - 4　秒表设计时序

3. 实验步骤

（1）新建工程，选择"File"→"New Project"，输入工程名字和存储位置，选择相应 FPGA 型号。

（2）新建 Verilog 文件。对于 ISE 软件，选择"Project"→"New Source"，在"New Source Wizard"对话框中选择"Verilog Module"，并输入 File 名称。对于 Vivado 软件，选择"Project Manager"→"Add Sources"→"Add or create design sources"→"Create File"。

（3）在上一步新建的 . v 文件中编写 Verilog 程序代码。

（4）在 ModelSim 或 Vivado 仿真环境中对时序进行功能仿真，以验证程序的功能是否符合设计时序。图 4 - 5 为秒表显示 15 ms 时的仿真时序。

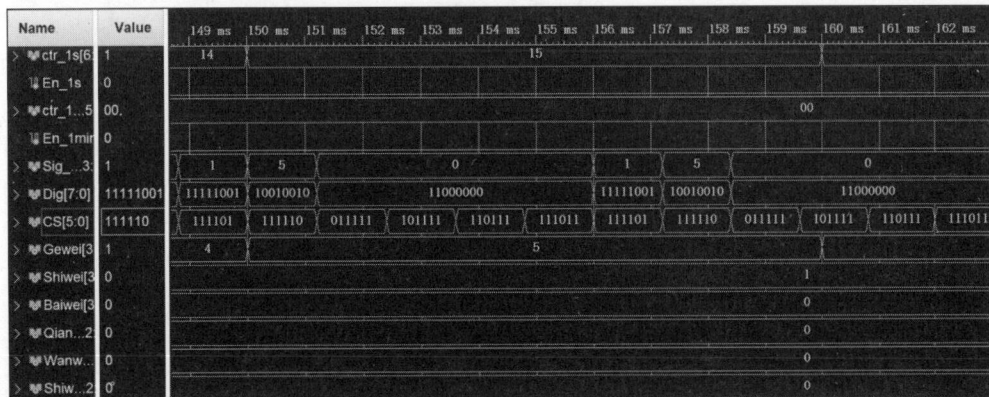

图 4 - 5　秒表显示 15 ms 时的仿真时序

（5）新建管脚约束文件。对于 ISE 软件，管脚约束文件为 . ucf 文件，方法是单击菜单"Project"→"New Source"，选择"Implementation Constraints File"，输入时钟、段选信号和片选信号等输入/输出端口的管脚约束。对于 Vivado 软件的管脚约束文件为 . xdc 文件，单击"PROJECT MANAGER"中的"Add Sources"，选择"Add or create constraints"，添加 XDC 管脚约束文件。

（6）选中顶层文件，然后双击"Generate Programming File"，生成 . bit 文件。

（7）通过 JTAG 下载器将 Verilog 硬件程序下载到 FPGA 开发板上，观察数码管显示结果。

（8）完成实验要求（2）。

4.1.3　实验数据处理

（1）给出实验要求（1）对应的仿真时序和实验结果。

（2）给出实验要求（2）对应的仿真时序和实验结果。

（3）将单个数码管点亮时间由 1 ms 分别缩小为 0.5 ms、0.1 ms、0.01 ms，观察实验现象并解释原因。

4.2　数码管计时器实验

4.2.1　实验目的及要求

1. 实验目的

（1）熟悉数码管显示控制原理；

（2）掌握计时器的 FPGA 设计方法。

2. 实验要求

实现 2 min 计时器功能：初始化数码管均显示"02.00.00"；前两位数码管显示"分"，显示数值范围：59~00，最小计时间隔：1 min；中间两位数码管显示"秒"，显示数值范围：59~00，最小计时间隔：1 s；最后两位数码管显示"毫秒"，显示数值范围：99~00，最小计时间隔：10 ms。2 min 结束后（00.00.00），LED0~LED3 同时亮起。

4.2.2　实验原理及步骤

1. 实验原理

数码管控制时序同上一节数码管电子秒表实验，与电子秒表不同的是，计时器为正计时，初始显示 99，每隔一个时间单元减 1，直至 00。

2. 实验步骤

（1）新建工程。

（2）新建 Verilog 文件（. v 文件）。

（3）在上一步新建的 . v 文件中编写 Verilog 程序代码。

（4）新建管脚约束文件。对于 ISE 软件，管脚约束文件 . ucf 文件；对于 Vivado 软件，管脚约束文件为 . xdc 文件。

（5）选中顶层文件，生成 . bit 文件。

（6）通过 JTAG 下载器将 Verilog 硬件程序下载到 FPGA 开发板上，观察实验结果。

4. 2. 3　实验数据处理

（1）完成实验要求，给出关键设计时序和实验结果。

（2）实现 10 min 倒计时器功能。

第 5 章
按键检测消抖实验

5.1 按键检测消抖基础实验

5.1.1 实验目的及要求

1. 实验目的

（1）学习基于 FPGA 按键消抖检测方法。

（2）掌握按键控制 LED 亮灭状态方法。

2. 实验要求

利用 FPGA 检测按键电平变化，并用按键控制 LED 灯亮灭。初始化，LED0 ~ LED3 均不亮；当 FPGA 检测到按键 Key1 被按下时，则 LED0 亮灭情况反转；同样地，按键 Key2、Key3、Key4 分别对应 LED1、LED2、LED3 亮灭情况反转。4 组 Key 与 LED 之间互相独立控制。

5.1.2 实验原理及步骤

1. 实验原理

按键作为人机交互的工具之一，在电子产品中我们会经常用到，比如电脑的键盘、电子测量仪器的按键等。在本实验 FPGA 开发板上有 4 个独立的用户按键，如图 5 - 1 所示，用户通过 FPGA 来检测与按键对应的 I/O 信号的电平高低来判断按键是否按下或松开。

图 5 - 1　开发板用户按键

实验所用开发板上的按键硬件电路原理如图 5 - 2 所示。按键没有按下的时候，连接到 FPGA 管脚的信号电平为高；某按键按下的时候，连接到 FPGA 管脚的信号电平被拉低。

一般按键按下时会产生低于 20 ms 的高频脉冲信号抖动，如图 5 - 3 所示，为消除按键抖动，提高按键检测的可靠性，FPGA 程序设计每 20 ms 检测一次按键的状态，当检测到有效下降沿，说明有按键按下，相应 LED 灯反转。

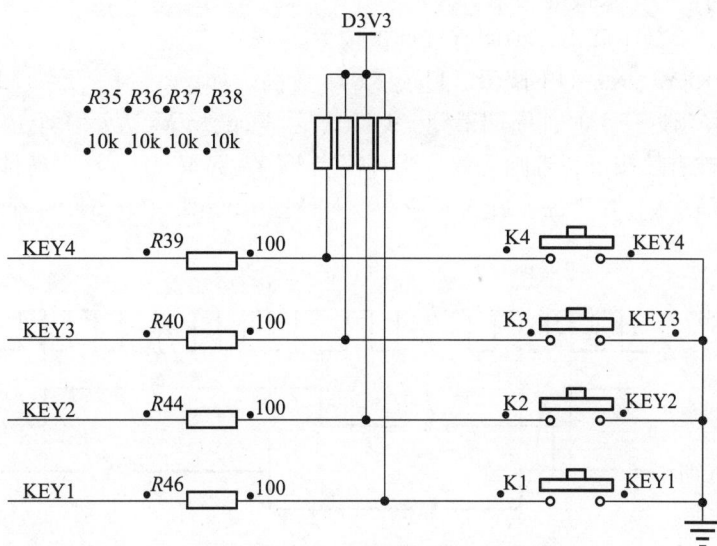

图 5-2　按键电路原理图

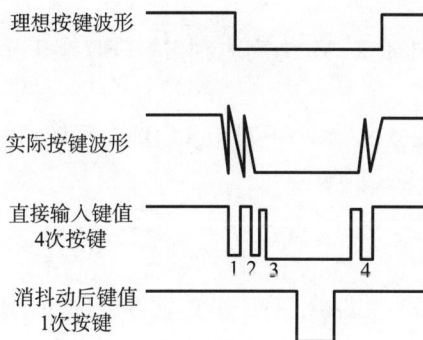

图 5-3　按键检测信号抖动情况

2. 时序设计

根据实验要求，本实验程序顶层输入/输出端口应为：

```
input clk;
input[3:0]KEYs_in;
output[3:0]LEDs_out;
```

程序中，clk 为 50 MHz 系统时钟；KEYs_in[0] 对应电路板上的 KEY1 按键，依此类推，KEYs_in[3] 对应电路板上的 KEY4 按键；LEDs_out[0] 对应电路板上的 LED0 灯，依此类推，LEDs_out[3] 对应电路板上的 LED3 等。

按键检测控制 LED 程序可分解为三步：

①每 20 ms 检测一次按键的状态。

提示：在 50 MHz（0.02 μs）时钟驱动下计数，每 20 ms（计到 10^6）记录有效按键状态（用 4 bit 信号 KEYs_scan 表示，其中，KEYs_scan[0] ~ KEYs_scan[3] 分别表示 4 个按

键的状态），否则，不记录按键状态。

②如果检测到有效下降沿，说明有按键被按下。

提示：判断 KEYs_scan 的下降沿，Flag_KEYs 置高。如图 5 - 4 所示，KEYs_scan_d1 为 KEYs_scan 信号经延迟一个时钟周期得到。4 bit 信号 Flag_KEYs 表示 4 个按键的有效状态，高电平表示按键被有效按下，否则无效。当且仅当 KEYs_scan_d1[x] 为高且 KEYs_scan[x] 为低时，Flag_KEYs[x] 才为高：Flag_KEYs <= KEYs_scan_d1 &(~KEYs_scan)。

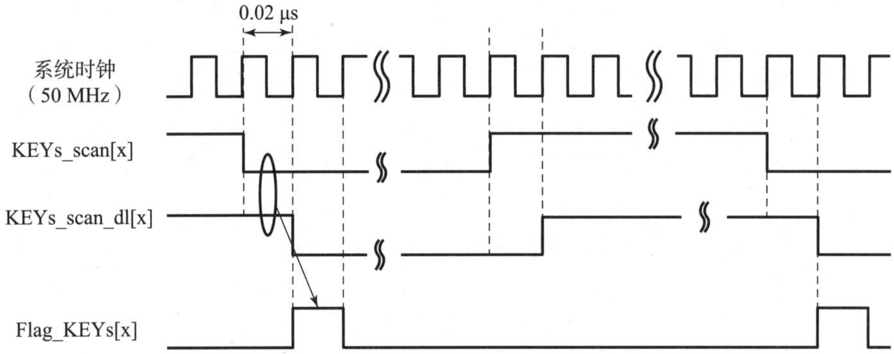

图 5 - 4　有效下降沿判断原理

③如果某按键被按下（Flag_KEYs 为高），相应 LED 亮灭情况反转（取反），否则，亮灭情况不变。

提示：KEY1 对应 LED0，…，KEY4 对应 LED3。反转可使用"非"运算符：LEDs_out[0] <= ~LEDs_out[0]。

3. 实验步骤

（1）新建工程。

（2）新建 Verilog 文件（.v 文件）。对于 ISE 软件，选择 "Project"→"New Source"，在 "New Source Wizard" 对话框中选择 "Verilog Module"，并输入 File 名称。对于 Vivado 软件，选择 "Project Manager"→"Add Sources"→"Add or create design sources"→"Create File"。

（3）在上一步新建的 .v 文件中编写 Verilog 程序代码。

（4）新建管脚约束文件。以 ISE 软件为例，单击菜单 "Project"→"New Source"，选择 "Implementation Constraints File"，输入时钟、按键和 LED 的管脚约束，如图 5 - 5 所示。

```
1  ## 请将以下"clk"更改为.v文件中的时钟名称
2  NET clk               LOC = T8 | IOSTANDARD = "LVCMOS33";        ##
3  Net clk TNM_NET = sys_clk;
4  TIMESPEC TS_sys_clk = PERIOD sys_clk 50 MHz;
5
6  ## LED0~LED3管脚定义
7  NET LEDs_out<0>       LOC = P4 | IOSTANDARD = "LVCMOS33";        ## LED0
8  NET LEDs_out<1>       LOC = N5 | IOSTANDARD = "LVCMOS33";        ## LED1
9  NET LEDs_out<2>       LOC = P5 | IOSTANDARD = "LVCMOS33";        ## LED2
10 NET LEDs_out<3>       LOC = M6 | IOSTANDARD = "LVCMOS33";        ## LED3
11
12 ## 按键KEY1~KEY4管脚定义
13 NET KEYs_in<0>        LOC = C3 | IOSTANDARD = "LVCMOS33";        ## KEY1
14 NET KEYs_in<1>        LOC = D3 | IOSTANDARD = "LVCMOS33";        ## KEY2
15 NET KEYs_in<2>        LOC = E4 | IOSTANDARD = "LVCMOS33";        ## KEY3
16 NET KEYs_in<3>        LOC = E3 | IOSTANDARD = "LVCMOS33";        ## KEY4
```

图 5 - 5　按键与 LED 信号管脚约束

（5）生成比特流文件。

（6）通过 JTAG 下载器将 Verilog 硬件程序下载到 FPGA 开发板上，观察实验结果。

5.1.3　实验数据处理

（1）给出关键设计时序。

（2）结合第 3 章 LED 控制实验，自行设计并验证按键控制 LED 的其他功能。

5.2　按键消抖与数码管控制综合实验

5.2.1　实验目的及要求

1. 实验目的

（1）巩固基于 FPGA 按键消抖检测方法。

（2）掌握按键控制数码管显示状态方法。

2. 实验要求

利用 FPGA 检测按键电平变化，并用按键控制上一章的秒表与计时器功能切换。初始化，数码管秒表显示 "00.00.00"；FPGA 检测到按键 Key1 被按下——数码管开始正计时；FPGA 检测到按键 Key1 再次被按下——数码管从当前时间开始倒计时，直至 "00.00.00" 停止。

5.2.2　实验原理及步骤

1. 实验原理

按键检测原理同前一节，不同的是，如果某按键被按下（Flag_KEY$_8$ 为高），启动数码管电子秒表功能；再次按下，启动数码管计时器功能。

2. 实验步骤

（1）新建工程。

（2）新建 Verilog 文件（.v 文件）。

（3）在上一步新建的 .v 文件中编写 Verilog 程序代码。

（4）新建或添加管脚约束文件。

（5）生成比特流文件。

（6）通过 JTAG 下载器将 Verilog 硬件程序下载到 FPGA 开发板上，观察实验结果。

5.2.3　实验数据处理

（1）给出关键设计时序。

（2）结合第 4 章数码管实验，自行设计并验证按键控制数码管的其他功能。

第 6 章

直接数字频率合成器实验

6.1 基于查表法的直接数字频率合成器

6.1.1 实验目的及要求

1. 实验目的

（1）熟悉 Matlab 与 ISE 交互设计方法。

（2）掌握任意指定频率信号产生原理。

2. 实验要求

（1）通过 Matlab 产生正弦波数据文件，基于查 ROM 表方法，产生 2.2 MHz 正弦波信号，通过 ChipScope、示波器观察时域波形。

（2）基于查表法，产生 3.3 MHz 正弦波信号。

6.1.2 实验原理及步骤

1. 实验原理

1）直接数字频率合成原理

直接数字频率合成器（DDS）的原理是根据奈奎斯特采样定理，对一个周期的正弦波连续信号，沿其相位轴方向，以等量的相位间隔对其进行幅度采样，得到一个周期的正弦信号离散幅度序列，并对模拟幅度值进行量化，得到离散的数字量，然后固化在只读存储器（ROM）中，每个存储单元的地址即是相位采样的地址，存储单位的内容是一个周期的正弦波幅值。

直接数字频率合成器主要包括相位累加器、波形存储器、数字/模拟转换器（DAC）和低通滤波器，如图 6-1 所示。相位累加器在每一个系统时钟脉冲输入时，频率控制字累加一次，相位累加器输出的数据是合成信号的相位，溢出的频率是 DDS 输出的信号频率。然后对相位码取高位存到 ROM 中，寻址取出相应的幅度值送给 DAC 得到阶梯波形，最后经过低通滤波器进行平滑滤波，即得到由频率控制字决定的连续变化的输出波形。

图 6-1 直接数字频率合成原理

DDS 输出信号的频率由系统时钟频率、频率控制字和相位累加器比特数三个参数决定，计算公式为：

$$f_{out} = \frac{f_{clk} \cdot K}{2^N}$$

式中，f_{out} 为输出信号频率；f_{clk} 为输出信号频率；K 为频率控制字；N 为相位累加器比特数。

DDS 频率分辨率，即频率的变化间隔为：

$$\Delta f = \frac{f_{clk}}{2^N}$$

直接数字频率合成器硬件实现的核心是相位累加器，其输出的相位码作为波形存储器（查找表）的地址，可将相位码映射至该地址对应的离散幅度信息。正弦（或余弦）查找表包括一个完整正弦波周期的离散幅度信息，每个地址均对应正弦波从 0°到 360°的一个相位。图 6-2 用图形化的"相位轮"显示了这一情况。考虑 $N=4$ 的情况。相位累加器会逐步执行 16 种可能输出，直至溢出并重新开始。输出信号的频率分辨率等于系统时钟频率的 16 分频。若频率控制字 $K=2$，相位累加器寄存器就会以两倍的速度"滚动"计算，输出信号的频率也会增加一倍，即系统时钟频率的 8 分频。相位轮的纵坐标为正弦波幅度的 8 比特量化结果。

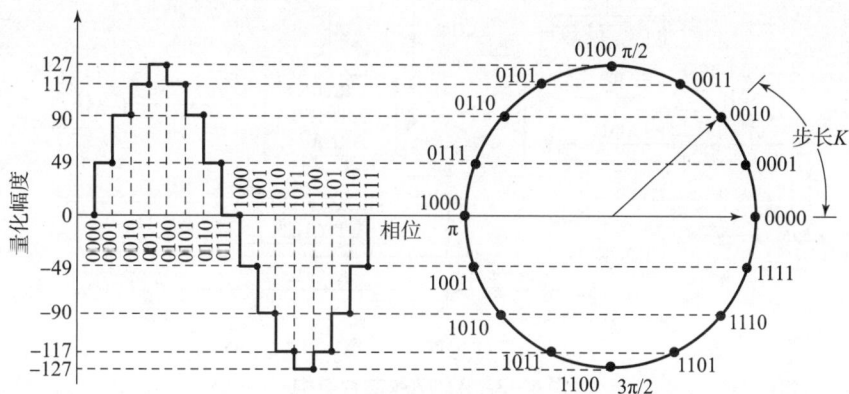

图 6-2　相位轮

表 6-1 给出了 $N=4$、$K=2$ 情况下相位累加器输出的相位码，其中，T 为系统时钟周期，m 为任意非负整数。在某时刻 $t=mT$，相位累加器的内容为 0000；间隔一个时钟后，相位码累加频率控制字，内容为 0010；依次累加；8 个时钟周期后，$t=(m+8)T$，相位码的内容回到 0000，同时溢出，即溢出频率为 $1=8T=f_{clk}=8$，与频率控制字计算公式吻合。

表 6-1　相位累加器输出的相位码

时刻 t	累加器输出的相位码
mT	0000
$(m+1)T$	0010
$(m+2)T$	0100
$(m+3)T$	0110

续表

时刻 t	累加器输出的相位码
$(m+4)T$	1000
$(m+5)T$	1010
$(m+6)T$	1100
$(m+7)T$	1110
$(m+8)T$	0000

2）DAC 扩展板

DAC 扩展板采用 AD9708 芯片，数据宽度为 8 位，最大采样率为 125 MSPS。图 6 – 3 所示为 AD9708 的芯片结构。FPGA 主板两侧均预留扩展口，可根据实验需要插入不同扩展板，仅需相应更改 UCF 即可，如图 6 – 4 所示。

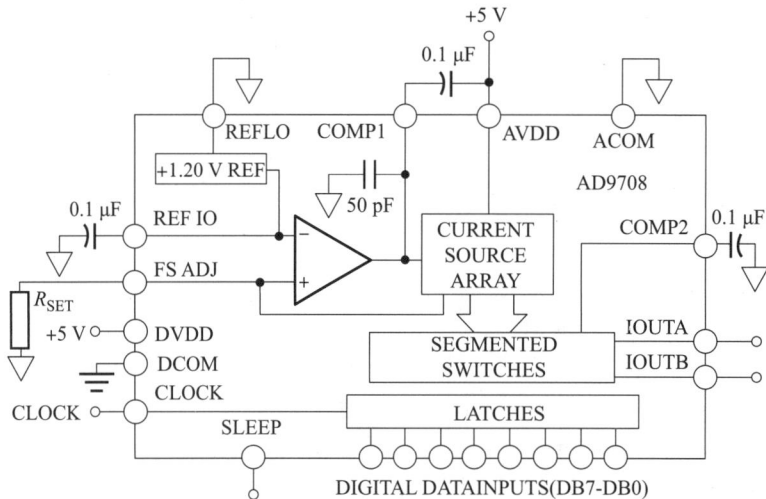

图 6 – 3　AD9708 芯片结构

图 6 – 4　FPGA 主板与 DAC 扩展板

2. 实验步骤

实验流程如图6-5所示。首先，Matlab软件根据相位累加器比特数（N）、幅度量化宽度产生全周期正弦波数据文件（扩展名为.coe），该文件的数据量为2^N；其次，在FPGA中调用Block RAM IP核，加载上述.coe文件；然后，在已知时钟频率、相位累加器比特数的条件下，根据输出信号频率计算频率控制字，在FPGA程序中编写相位累加器的相位（在每个时钟上升沿来临时，累加一次频率控制字），该相位即为ROM表的查表地址，查表结果为正弦波数据；最后，将程序比特流文件下载到板卡中，一方面，可通过ChipScope软件在线观察实时时域波形；另一方面，可通过DAC扩展板将数字信号转为模拟信号后输出到示波器观察实测波形。

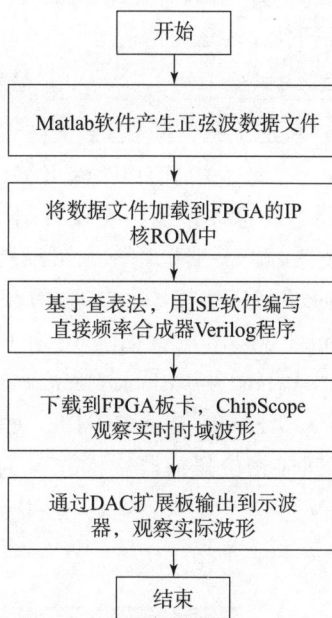

图6-5 基于查表法的频率合成器
程序工作流程

（1）打开Matlab仿真软件，新建New Script，在命令窗口输入命令，产生一个周期正弦波的1 024个采样点，绘制相位码变化曲线。

```
x = linspace(0,2* pi,1024);
figure;
plot(x);
xlabel('采样点');
ylabel('相位/弧度');
```

（2）对一个周期的正弦波进行量化，量化宽度为8 bit，并绘制量化后的正弦波波形，标定波峰和波谷值。量化后的正弦波幅度范围是 -128~127，其中1 bit为符号位。

```
y = (2^7 -1)* cos(x);
y = round(y);
figure;
plot(y);
xlabel('采样点');
ylabel('量化幅度');
```

（3）存储正弦波量化数据，得到phase.txt。修改其扩展名为".coe"，并指定文件内数据的进制：memory_initialization_radix = 10；memory_initialization_vector = ，如图6-6所示。

图6-6 数据存储文件格式

```
fid = fopen('phase.txt','wt');
fprintf(fid,'%d\n',y);
fclose(fid);
```

（4）新建工程，新建 .v 文件，将 Matlab 生成的 .coe 文件复制到 Verilog 工程文件夹下的 ipcore_dir 内，并添加 Block RAM IP 核。IP（Intelligent Property）核是具有知识产权核的集成电路芯核总称，是预先设计好、经过严格测试和优化过的电路功能模块，如乘法器、FIR 滤波器等。一般采用参数可配置的结构，方便用户根据实际情况调用。

Block RAM IP 核添加方法为在"New Source Wizard"中选择"IP（CORE Generator & Architecture Wizard）"，如图 6 - 7（a）所示；进一步选择"Memories & Storage Elements"→"RAMs & ROMs"→"Block Memory Generator"（或使用搜索框），如图 6 - 7（b）所示；设置该 IP 核为"Single Port ROM"，如图 6 - 7（c）所示；Read Width 为 8，Read Depth 为 1 024（对应相位累加器比特数 N 为 10），即地址为 10 bit（$2^{10} = 1\,024$），数据量化为 8 bit，如图 6 - 7（d）所示。然后，选中"Load Init File"，单击"Browse"按钮，选中 .coe 文件，如图 6 - 7（e）所示。

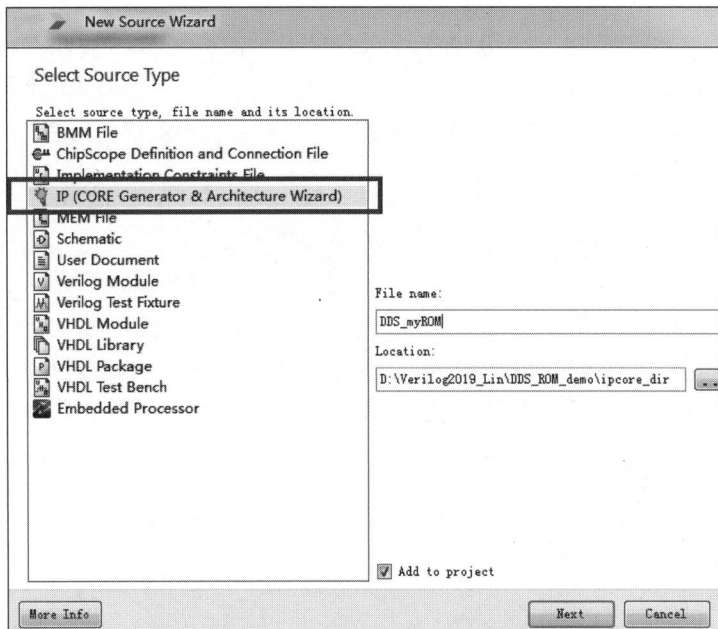

（a）

图 6 - 7　Block RAM IP 核添加方法

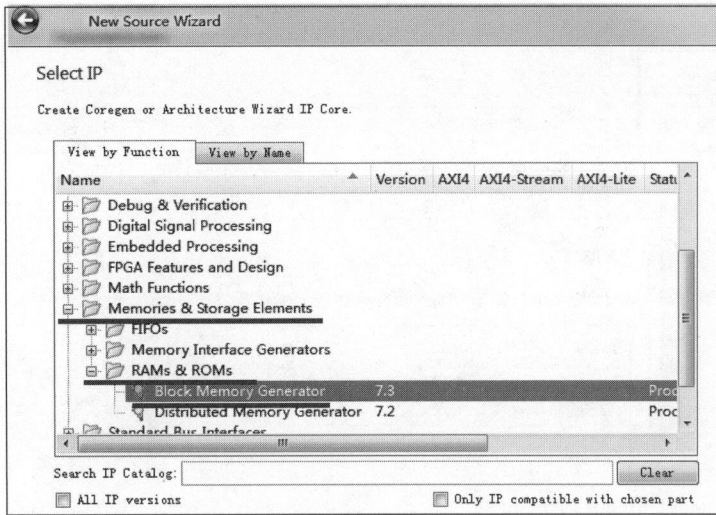

（b）

（c）

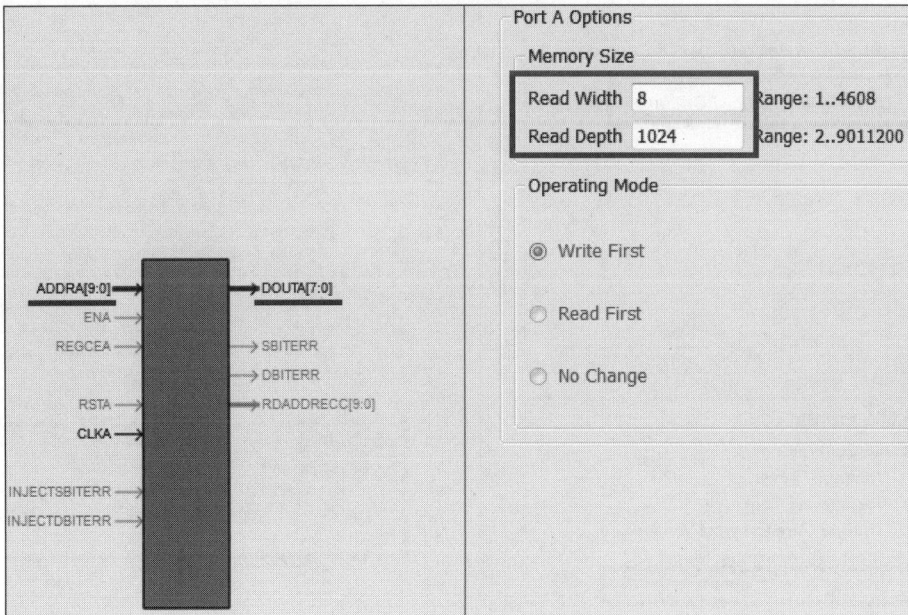

（d）

图 6 - 7　Block RAM IP 核添加方法（续）

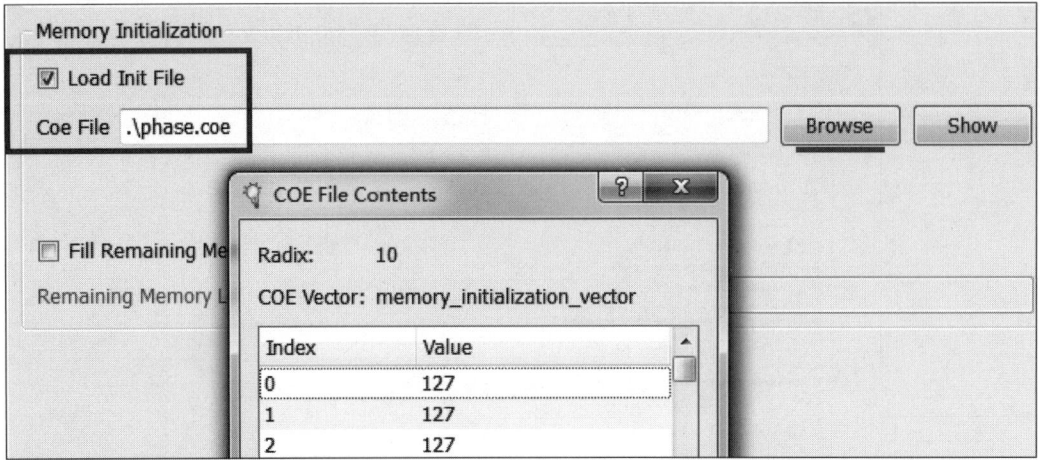

（e）

图 6 - 7　Block RAM IP 核添加方法（续）

（5）IP 核设置完成后进行例化。如图 6 - 8 所示，单击工程管理区中的灯泡图标，然后单击过程管理区中的"View HDL Instantiation Template"，将源代码编辑区中涉及该 IP 核的代码复制到程序源代码（. v 文件）中。

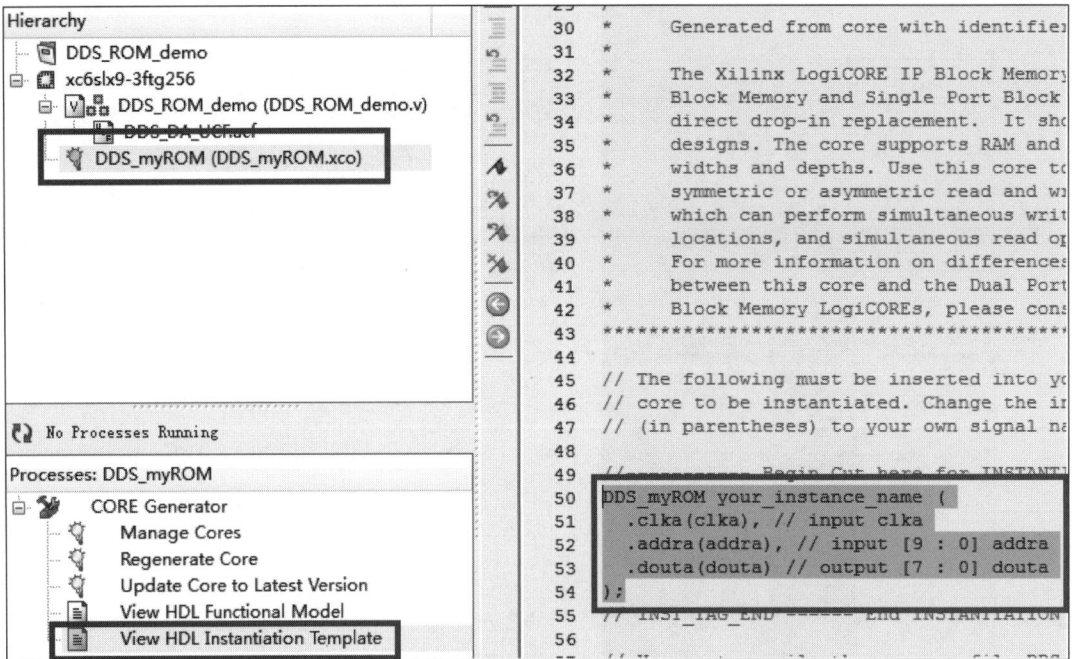

图 6 - 8　例化 ROM 核

（6）计算实验要求输出信号频率条件下的频率控制字 K，其中，系统工作时钟频率为 50 MHz。基于查表方法，如图 6 - 9 所示，编写产生 2. 2 MHz 正弦波信号的 Verilog 程序代码（包含相位累加器 always 块和波形存储器 ROM 核）。注意，ROM 核的输出信号应定义为 wire

型信号。

　　该程序的顶层输入信号端口为 50 MHz 系统工作时钟，输出信号为 DAC 同步时钟和 8 bit 正弦波数据。由于本实验所用 DAC 芯片所识别数据为无符号数，因此，需将有符号正弦波数据转为无符号数据，如图 6-10 所示。

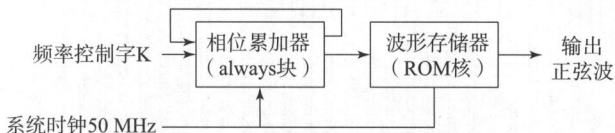

```
//输入输出端口声明
input clk_in;
output DAclk;
output [7:0] DAdata;

wire clk;

assign DAclk = clk_in;
assign clk = clk_in;

wire [7:0] DAdata;
assign DAdata = sin_wave + 8'd127;
```

图 6-9　查表法 DDS 程序结构　　　　图 6-10　有符号数与无符号数转换

　　（7）新建管脚约束文件，如图 6-11 所示，输入系统时钟、DAC 同步时钟和 8 bit 正弦波数据的管脚约束。该管脚号取决于主板的扩展口。

```
2  NET clk                      LOC = T8 | IOSTANDARD = "LVCMOS33";        ## system CLK
3  Net clk TNM_NET = sys_clk;
4  TIMESPEC TS_sys_clk = PERIOD sys_clk 50 MHz;
5
6  #DA相关引脚(J3)
7  NET DAclk                     LOC = A5 | IOSTANDARD = "LVCMOS33";         ## 5
8
9  NET DAdata<0>                 LOC = A10 | IOSTANDARD = "LVCMOS33";        ## 13
10 NET DAdata<1>                 LOC = A9 | IOSTANDARD = "LVCMOS33";         ## 12
11 NET DAdata<2>                 LOC = C8 | IOSTANDARD = "LVCMOS33";         ## 11
12 NET DAdata<3>                 LOC = A8 | IOSTANDARD = "LVCMOS33";         ## 10
13 NET DAdata<4>                 LOC = B8 | IOSTANDARD = "LVCMOS33";         ## 9
14 NET DAdata<5>                 LOC = A7 | IOSTANDARD = "LVCMOS33";         ## 8
15 NET DAdata<6>                 LOC = A6 | IOSTANDARD = "LVCMOS33";         ## 7
16 NET DAdata<7>                 LOC = B6 | IOSTANDARD = "LVCMOS33";         ## 6
```

图 6-11　正弦波实验管脚约束

　　（8）在硬件仿真环境中对程序功能进行仿真，检查信号时序是否与设计时序一致，可通过"format"→"Analog（automatic）"设置波形为模拟格式显示，如图 6-12 所示。

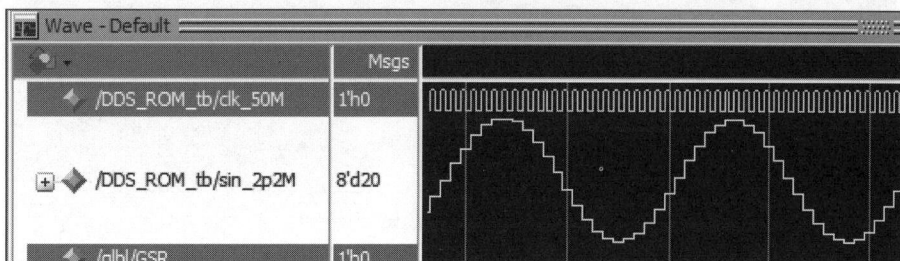

图 6-12　查表法正弦波硬件仿真结果

　　（9）生成比特流文件后下载到板卡中，ChipScope 观察信号如图 6-13 所示，对于 50 MHz 时钟驱动的 2.2 MHz 正弦波，在 1 024 捕获窗口内有 2.2 MHz × 1 024/50 MHz =

45.056 个正弦波周期。

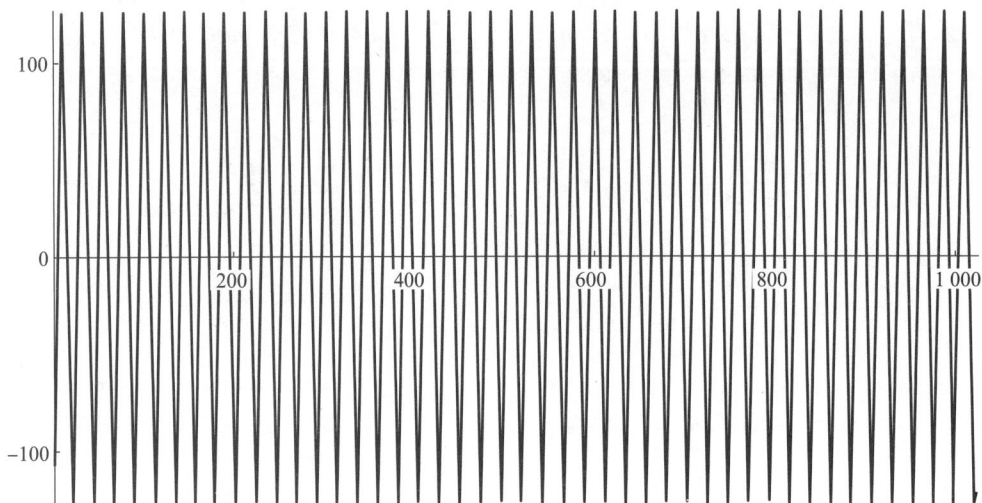

图 6 – 13　ChipScope 观察基于查表法的 2. 2 MHz 正弦波

（10）将 DAC 扩展板插入 FPGA 开发板的 40 针接口（J3）。注意：DAC 扩展板的接口针数为 34 针，而开发板 J3 为 40 针，应将 DAC 扩展板的 Pin1 脚和开发板 J3 的 Pin1 脚对齐。通过 BNC 电缆将 DAC 输出接口连接到示波器上，观察输出波形，如图 6 – 14 所示，并测量其频率和峰峰值（"Measure"→"Vpp"）。

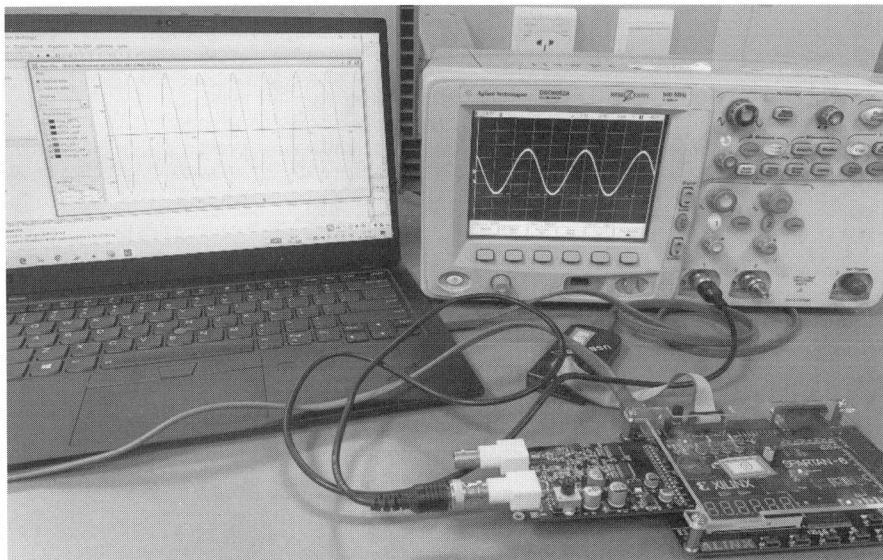

图 6 – 14　信号测试环境

6.1.3　实验数据处理

（1）给出实验要求（1）对应的硬件仿真、在线调试结果和示波器观察信号照片，并记录示波器测量信号的频率和峰峰值。

（2）给出实验要求（2）对应的硬件仿真、在线调试结果、示波器观察信号照片，并记录示波器测量信号的频率和峰峰值。

6.2　基于 IP 核的直接数字频率合成器

6.2.1　实验目的及要求

1. 实验目的

（1）掌握基于 IP 核的 DDS 设计方法。

（2）与基于查表法的 DDS 设计方法进行对比。

2. 实验要求

（1）调用 FPGA 内部的直接数字频率合成器（DDS）IP 核，产生某一指定频率（2.2 MHz）的正弦波信号。

（2）在同一个工程内，同时产生 1.1 MHz、2.3 MHz、3.4 MHz 的正弦波和余弦波信号。

6.2.2　实验原理及步骤

1. 实验原理

直接数字频率合成器可通过查表法完成，也可以通过 DDS IP 核方式完成，请同学们在实验过程中比较两种方法。

2. 实验步骤

（1）新建工程，新建 .v 文件，添加 DDS IP 核。DDS IP 核添加方法为在"New Source Wizard"下选择"IP（CORE Generator & Architecture Wizard）"；进一步选择"Digital Signal Processing"→"DDS Compiler"，如图 6 – 15 所示；设置 System Clock 为 50 MHz，"System Parameters"类型，并指定输出信号频率。Vivado 同理。

（2）IP 核设置完成后，单击工程管理区中的灯泡图标，然后单击过程管理区中的"View HDL Instantiation Template"，将源代码编辑区中的例化代码复制到 .v 文件中。

（3）新建管脚约束文件，输入系统时钟、DAC 同步时钟和 8 bit 正弦波数据的管脚约束。

（4）生成比特流文件后下载到板卡中，ChipScope 观察正弦波和余弦波信号需添加 ICON、ILA 核或添加 .cdc 文件。完成实验要求（1）。图 6 – 16 所示为 ChipScope 观察到的 2.2 MHz 余弦信号和正弦信号，可以看出两种信号的相位之间相差 90°。

6.2.3　实验数据处理

（1）给出实验要求（1）对应的 2.2 MHz 的正弦波硬件仿真和在线调试结果。

（2）给出实验要求（2）对应的 1.1 MHz、2.3 MHz、3.4 MHz 正弦波、余弦波硬件仿真和在线调试结果。

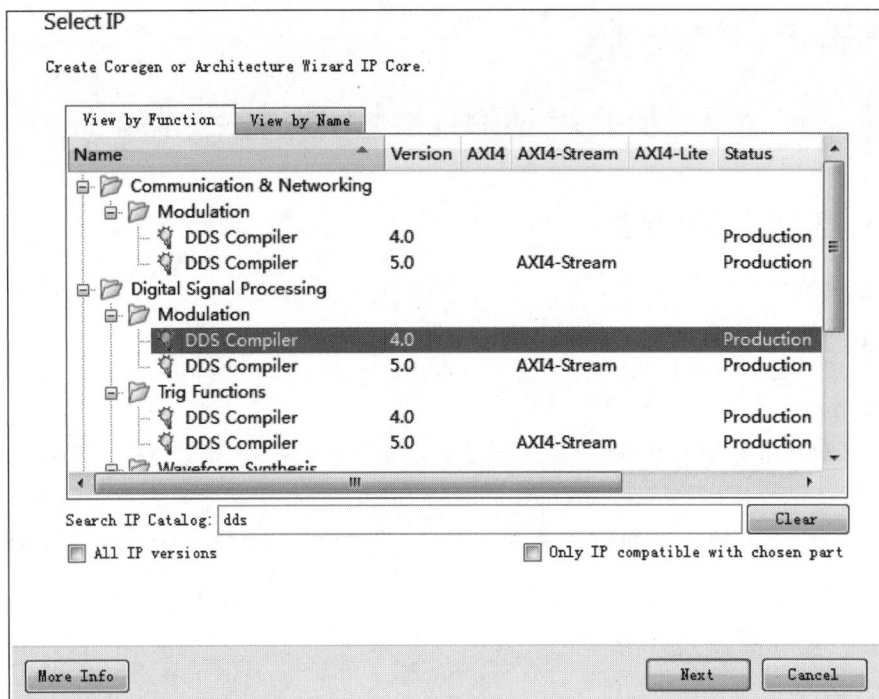

（a）

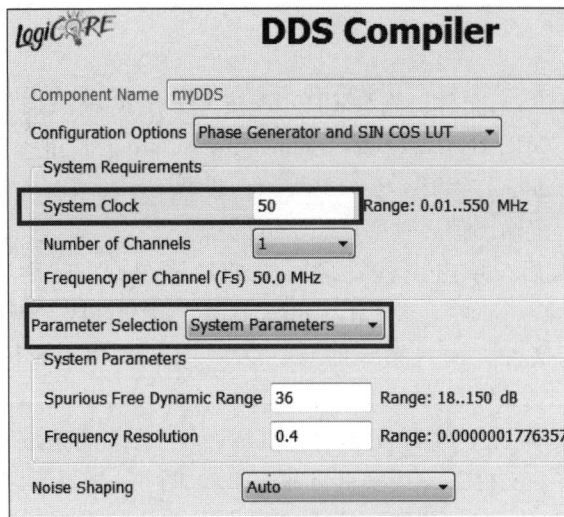

（b）

图 6 – 15　DDS IP 核添加方法

（c）

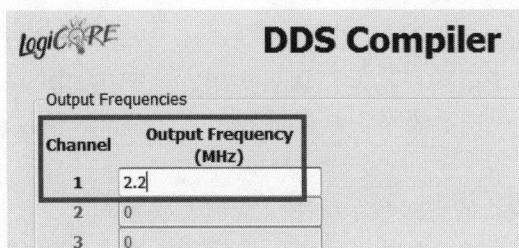

（d）

图 6 – 15　DDS IP 核添加方法（续）

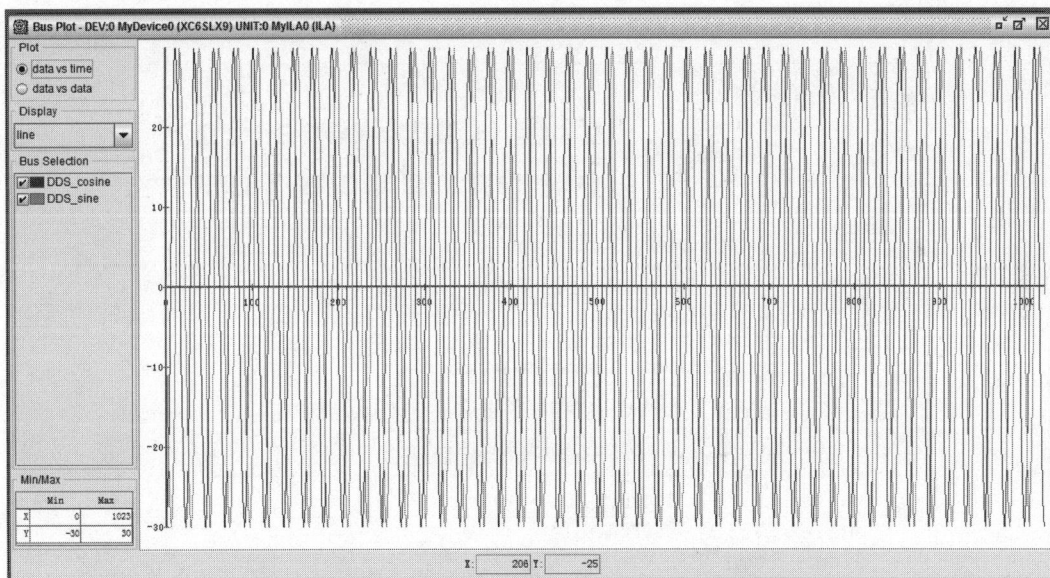

图 6 – 16　输出 2.2 MHz 余弦和正弦信号（相位相差 90°）

6.3　可配置数字频率合成器

6.3.1　实验目的及要求

1. 实验目的

（1）掌握基于 VIO 核的参数配置方法。

（2）掌握频率、幅度可变的数字频率合成器设计方法。

2. 实验要求

（1）用户可通过 ChipScope 的 VIO 核指定输出信号频率。要求频率调整范围为 1 000 ~ 10 000 kHz，步进 1 kHz。

（2）用户可通过 ChipScope 的 VIO 核指定输出信号幅度。

6.3.2　实验原理及步骤

1. 实验原理

实验要求输出信号频率由用户指定，如果采用直接调用 DDS 核的方法，DDS 核一旦生成，则信号频率固定不变，因此本节应采用查表法，直接调用 DDS 核方法不再适用。

2. 实验步骤

（1）在本章基于查表法的直接数字频率合成器实验基础上，将 1 000 ~ 10 000 kHz 对应的 9 001 个频率控制字利用 Matlab 计算完成，并存储在 .coe 文件中，在 Verilog 中调用 ROM 核，此时频率对应 ROM 核的地址，即 1 000 kHz 的频率控制字存储在 ROM 核的地址 0 中，10 000 kHz 的频率控制字存储在 ROM 核的地址 9001 中。

（2）ChipScope 的 ICON 应为 2 端口，其中，CONTROL0 对应 ILA 核、CONTROL1 对应 VIO 核，如图 6 - 17 所示。

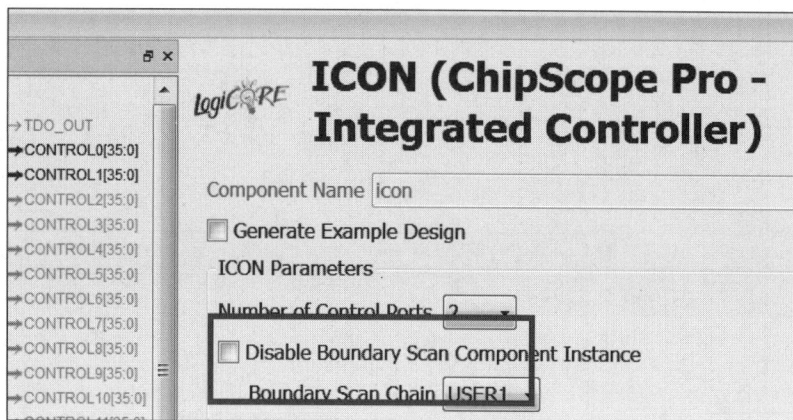

```
wire [35:0] CONTROL0;
wire [35:0] CONTROL1;
icon icon (
    .CONTROL0(CONTROL0), // INOUT BUS [35:0]
    .CONTROL1(CONTROL1) // INOUT BUS [35:0]
);
```

图 6 - 17　两端口 ICON 核添加方法

（3）实验要求输出信号频率由用户通过 VIO 指定，如图 6 - 18 所示，并且以 kHz 为单位的频率最大值为 10 000，位宽为 14，因此设置 VIO 核的控制信号 Width 为 14。

（4）下载调试时，若用户在 VIO 界面输入 1 100，则程序输出 1 100 kHz 信号；若用户输入 3 300，则输出 3 300 kHz 信号。图 6 - 19 （a）为 VIO 设置为 1 100 kHz 时的输出信号，图 6 - 19 （b）为 VIO 设置为 3 300 kHz 时的输出信号。

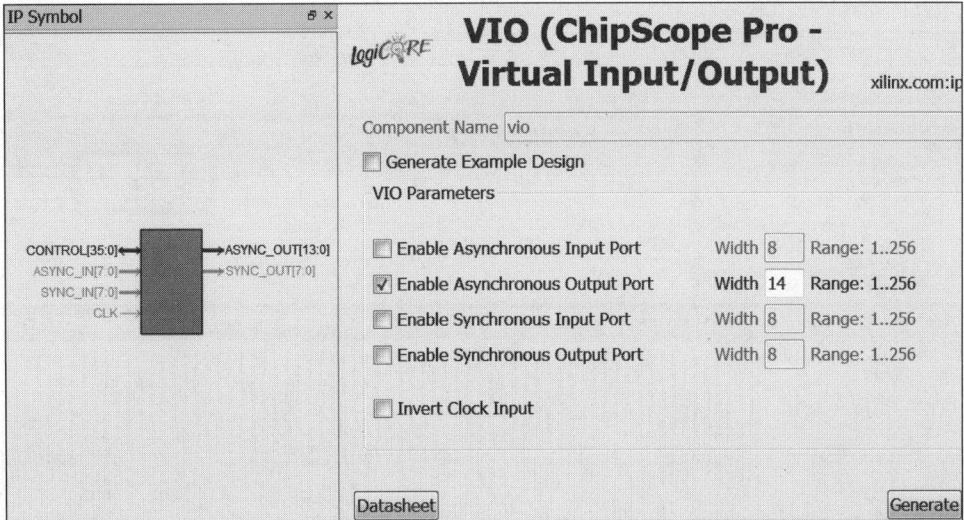

```
wire [13:0] VIO Freq; // 用户通过ChipScope的VIO核设置的信号频率.

vio vio (
    .CONTROL(CONTROL1), // INOUT BUS [35:0]
    .ASYNC_OUT(VIO_Freq) // OUT BUS [13:0]
);
```

图 6 – 18   VIO 核添加方法

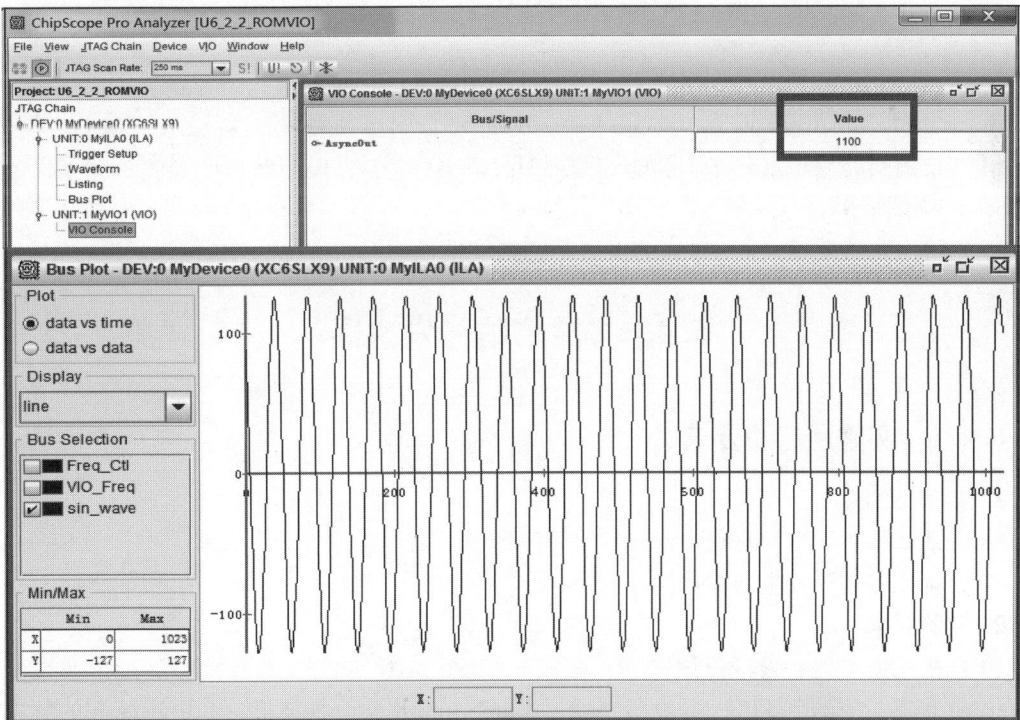

（a）

图 6 – 19   输出信号与 VIO 设置的关系

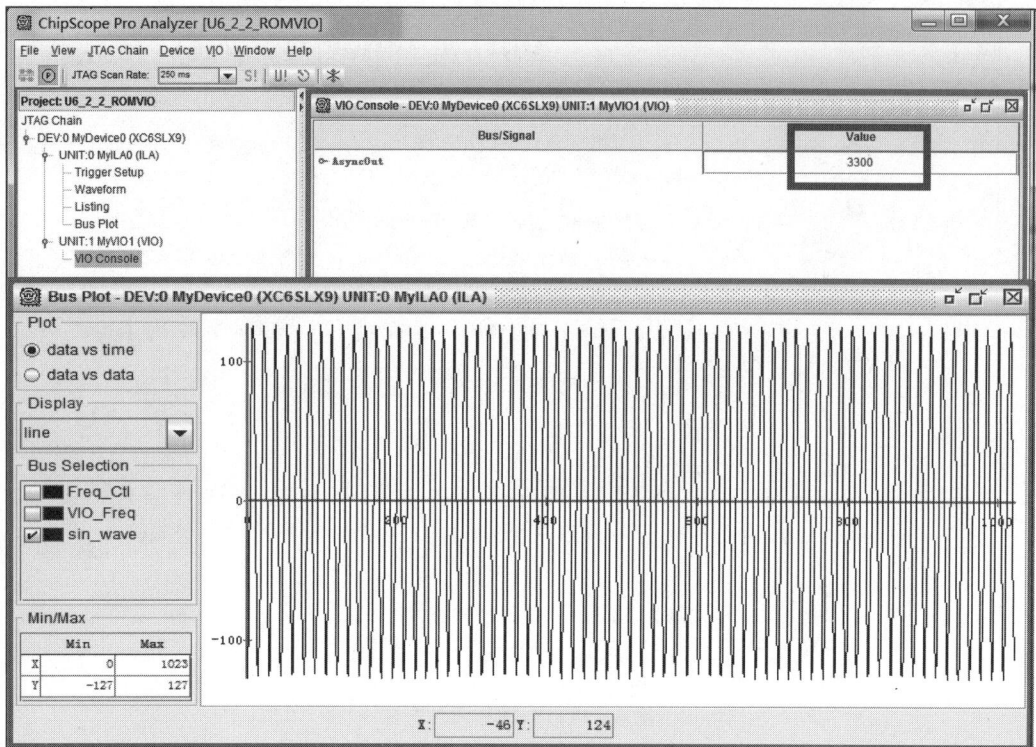

（b）

图 6-19　输出信号与 VIO 设置的关系（续）

6.3.3　实验数据处理

（1）给出实验要求（1）对应的 1 000 kHz、5 100 kHz、10 000 kHz 等多个频率信号的 ChipScope 调试结果。

（2）给出实验要求（2）对应的多个不同幅度信号的 ChipScope 调试结果。

6.4　多波形信号发生器

6.4.1　实验目的及要求

1. 实验目的

（1）掌握基于 FPGA 的方波和三角波等波形设计与实现方法。

（2）设计多波形发生器综合性实验。

2. 实验要求

（1）在一个工程下编写任意频率正弦波、3.125 MHz 方波和 3.125 MHz 三角波发生器的 Verilog 程序，下载到 FPGA 开发板，通过 ChipScope 观察三种波形，其中正弦波的频率由用户通过 ChipScope 的 VIO 核控制。

（2）插入 DAC 扩展板，利用 ChipScope 的 VIO 核作为通道控制开关，通过示波器时分观察三种波形，并通过 LED 指示：LED0 亮——正弦波输出；LED0 灭——正弦波输出通道关闭；LED1 亮——方波输出；LED1 灭——方波输出通道关闭；LED2 亮——三角波输出；LED2 灭——三角波输出通道关闭。每次只有一个 LED 亮，即示波器只显示一个通道信号波形。

（3）利用 4 个按键代替 VIO 核进行通道控制，并分别通过 4 个 LED 指示相应波形的开关状态。

6.4.2　实验原理及步骤

1. 实验原理

1）方波信号生成方法

实验要求方波信号的输出频率为 3.125 MHz，而系统工作时钟为 50 MHz，即每个方波周期有 16 个采样点，故相位为 4 比特量化（范围 0 ~ 15）。另外，本实验所用开发板 DAC 芯片的幅度为 8 bit 有符号数（范围 -127 ~ +127），因此，生成方波示意图如图 6-20 所示，从时间角度，每个采样点之间间隔 20 ns，一个周期有 16 个采样点，即时间周期为 320 ns，对应 3.125 MHz；从幅度角度，高电平量化为 +127，低电平为数据 0。ModelSim 时序如图 6-21 所示，其模拟形式如图 6-22 所示。

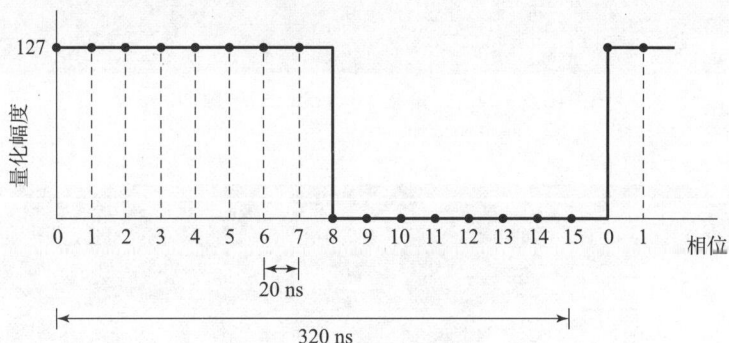

图 6-20　方波生成示意图

图 6-21　方波 ModelSim 时序数据

图 6-22　方波 ModelSim 时序波形

2）三角波信号生成方法

设三角波信号的相位为 4 比特量化（范围 0 ~ 15），幅度为 8 bit 有符号数（范围 -127 ~ +127）。由于 FPGA 的工作时钟周期为 20 ns（1/50 MHz = 20 ns），一个完整的三角波有 16 个相位间隔，因此，三角波周期为 320 ns，即输出频率为 3.125 MHz。图 6 - 23 ~ 图 6 - 25 分别为三角波的生成示意图、ModelSim 时序数据、ModelSim 时序波形。

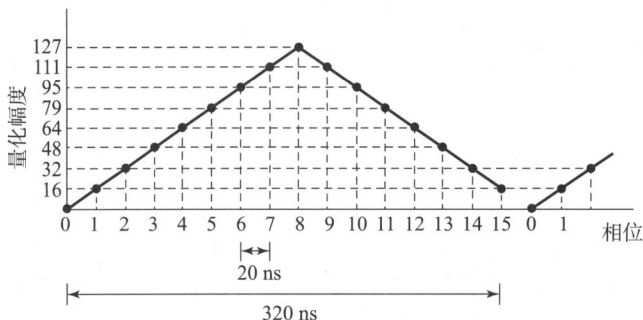

图 6 - 23 三角波生成示意图

图 6 - 24 三角波 ModelSim 时序数据

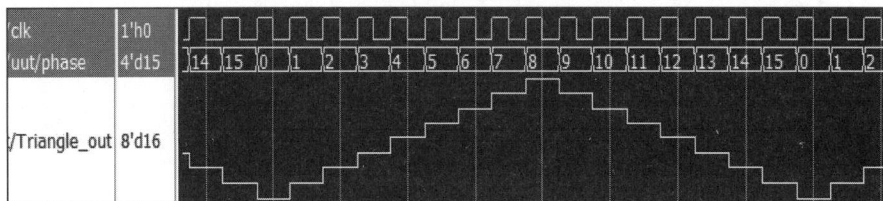

图 6 - 25 三角波 ModelSim 时序波形

2. 实验步骤

（1）新建工程，新建 .v 文件，编写 Verilog 程序代码，加入 UCF。以 50 MHz 为系统驱动时钟，编写 3.125 MHz 方波和三角波信号程序，通过 ChipScope 观察输出波形。

（2）在上述程序中加入任意频率正弦波产生模块，并通过 ChipScope 的 VIO 核控制正弦波频率，实现本节实验要求（1）。

（3）插入 DAC 扩展板，通过示波器时分观察三种波形。VIO 异步控制信号可设置为 3 bit：当控制信号为 3'b001 时，DAC 输出正弦波，LED0 亮；当控制信号为 3'b010 时，DAC 输出方波（图 6 - 26），LED1 亮；当控制信号为 3'b100 时，DAC 输出三角波（图 6 - 27），LED2 亮。

（4）完成本节实验要求（3）。

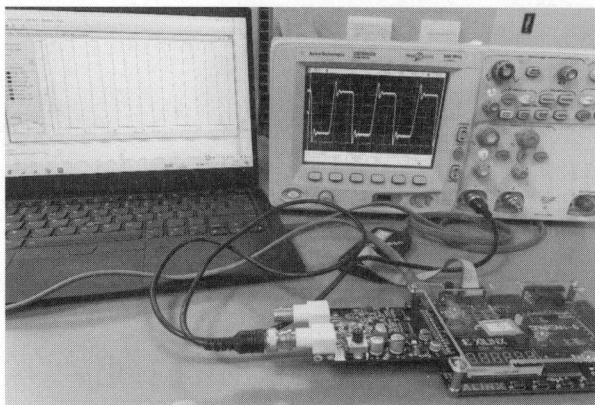

图 6 – 26　方波测试信号

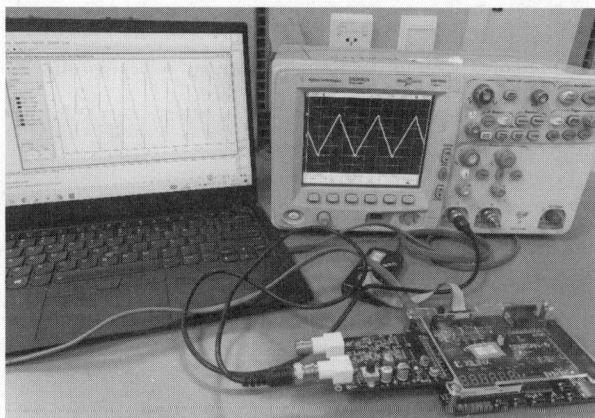

图 6 – 27　三角波测试信号

6.4.3　实验数据处理

1. ChipScope 在线调试

①ChipScope 观察 3.125 MHz 正弦波、3.125 MHz 方波、3.125 MHz 三角波信号。

②ChipScope 观察 1.562 5 MHz 正弦波、1.562 5 MHz 方波、1.562 5 MHz 三角波信号。

2. 示波器观察信号

①示波器观察 3.125 MHz 正弦波、3.125 MHz 方波、3.125 MHz 三角波信号，板卡 LED 入镜。

②示波器观察 1.562 5 MHz 正弦波、1.562 5 MHz 方波、1.562 5 MHz 三角波信号。

第7章

串口通信与波形参数控制实验

7.1 基于 UART 协议的串口回传实验

7.1.1 实验目的及要求

1. 实验目的

（1）理解 UART（Universal Asynchronous Receiver – Transmitter）协议与 RS232 电平标准。

（2）掌握串口调试助手与 FPGA 交互设计方法。

2. 实验要求

计算机作为上位机，FPGA 板卡作为下位机。用户通过串口调试助手向下位机 FPGA 发送周期/突发数据，FPGA 自动将其返回给上位机，通过串口调试助手验证程序功能。

7.1.2 实验原理及步骤

1. 实验原理

串行数据接口标准 RS232 于 1962 年由电子工业协会（EIA）制定并发布，命名为 EIA – 232 – E，作为工业标准以保证不同厂家产品之间的兼容。为解决 RS232 通信距离短、速率低的问题，提出了 RS422 标准，最大传输距离达千米，最大传输速率为 10 Mb/s。EIA 于 1983 年在 RS422 基础上制定了 RS485 标准，增加了多点、双向通信能力。RS485 通信线由两根双绞的线组成，通过差分电压进行传输。

UART 是一种异步串行通信协议，一个传输帧为 10 bit 或 11 bit，如图 7 – 1 所示，包括 1 bit 起始位 + 8 bit 数据位 + 1 bit 校验位（可选）+ 1 bit 停止位，其中，起始位固定为 "0"，停止位和空闲状态为 "1"，校验位用于奇/偶校验。

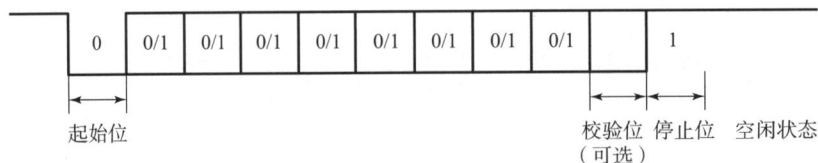

图 7 – 1 UART 传输帧结构

串口通常采用 RS232 电平标准，RS232 标准采用 25 条线，实际使用 3 条线：RXD、

TXD、GND。本实验信号流方向如图 7-2 所示，上位机首先发送串行数据，下位机 FPGA 接收该数据并立即回传给上位机，上位机与 FPGA 各一发一收数据线，且双方共地。

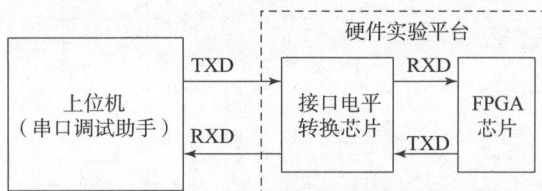

图 7-2　串口信号流方向示意图

RS232 电平标准采用负逻辑：逻辑"1"对应 -5 ~ -15 V；逻辑"0"对应 +5 ~ +15 V。本教程所用开发板上的串口硬件电路如图 7-3 所示。图 7-4 为 FPGA 端串口控制电路，其中，TXD（管脚号：D12）和 RXD（管脚号：C11）分别为 FPGA 角度的发送和接收信号，其对于上位机串口分别为接收信号和发送信号。

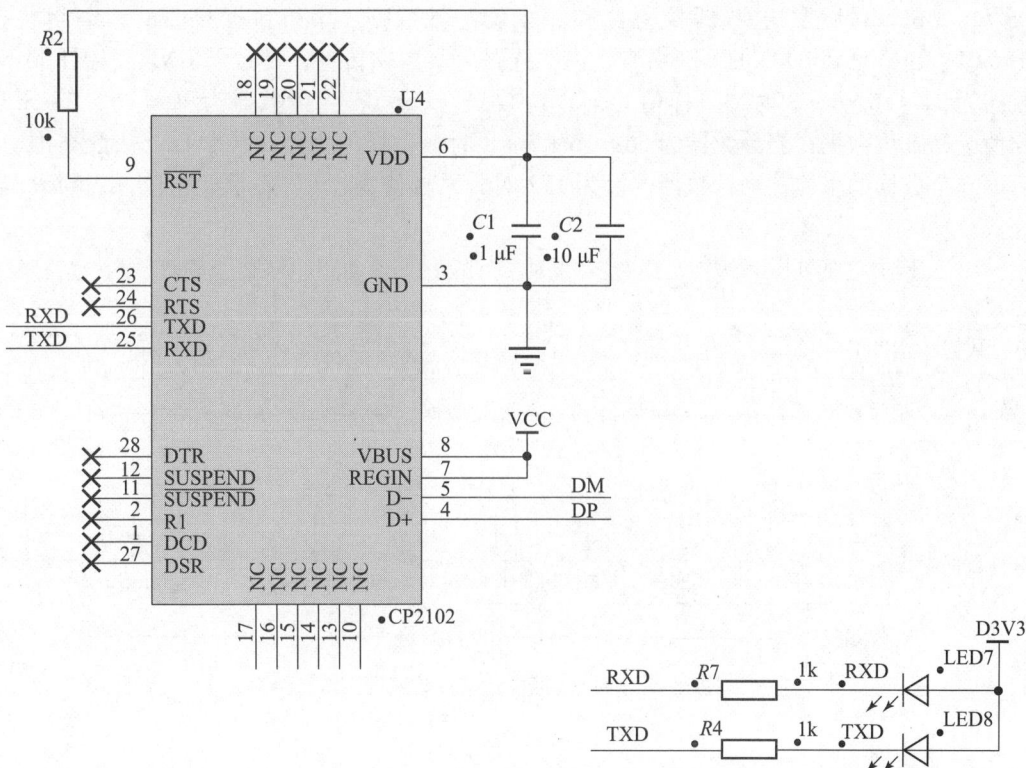

图 7-3　串口硬件电路

2. 时序设计

UART 是异步传输，即没有传输同步时钟。为了能保证数据传输的正确性，采用 16 倍波特率进行采样。即每个数据有 16 个时钟采样，取中间的采样值，以保证采样不会滑码或误码。UART 一帧的数据位数为 8，这样即使每个数据有一个时钟的误差，接收端也能正确地采样到数据。

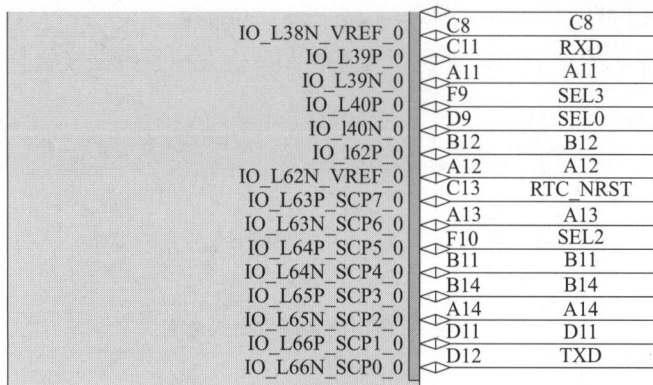

TC6SLX9-2FTG256C

图 7-4 FPGA 端串口控制电路

串行数据发送与接收实现方法如图 7-5 所示。串行数据发送时，初始为空闲状态，TXD 为 1；当收到发送控制指令后，拉低 TXD 一个数据位的时间，接着从数据低位到高位依次发送 8 位，最后发送奇/偶校验位和停止位一帧数据。串行数据接收时，空闲状态，RXD 为 1；当检测到 RXD 的下降沿时，说明线路上有数据传输，计数器 CNT 开始计数；当计数器为 $24 = 16 \times 1 + 8$ 时，采样值为第 0 位数据（LSB）；当计数器为 $40 = 16 \times 2 + 8$ 时，采样值为第 1 位数据；当计数器为 $56 = 16 \times 3 + 8$ 时，采样值为第 2 位数据；依此类推，进行后面 6 个数据的采样；当计数器的值为 152 时，采样值为"1"表示停止位，一帧数据接收完成。

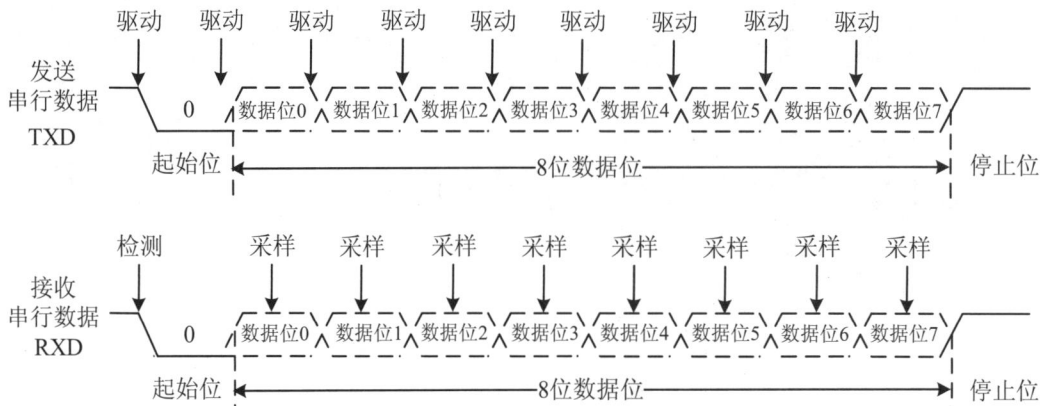

图 7-5 串行数据发送与接收实现方法

3. 实验步骤

（1）准备串口调试环境。多数笔记本电脑没有串口接口，需安装 USB 转串口驱动，安装完成后，打开 FPGA 板卡电源，在设备管理器中出现"COM5"提示（不同设备对应的端口号不同），如图 7-6 所示。然后打开串口调试助手，选择相应端口，并设置相应参数，如图 7-7 所示。

（2）新建工程。

（3）新建 Verilog 文件（.v 文件）。

（4）在上一步新建的 .v 文件中编写 Verilog 程序代码。

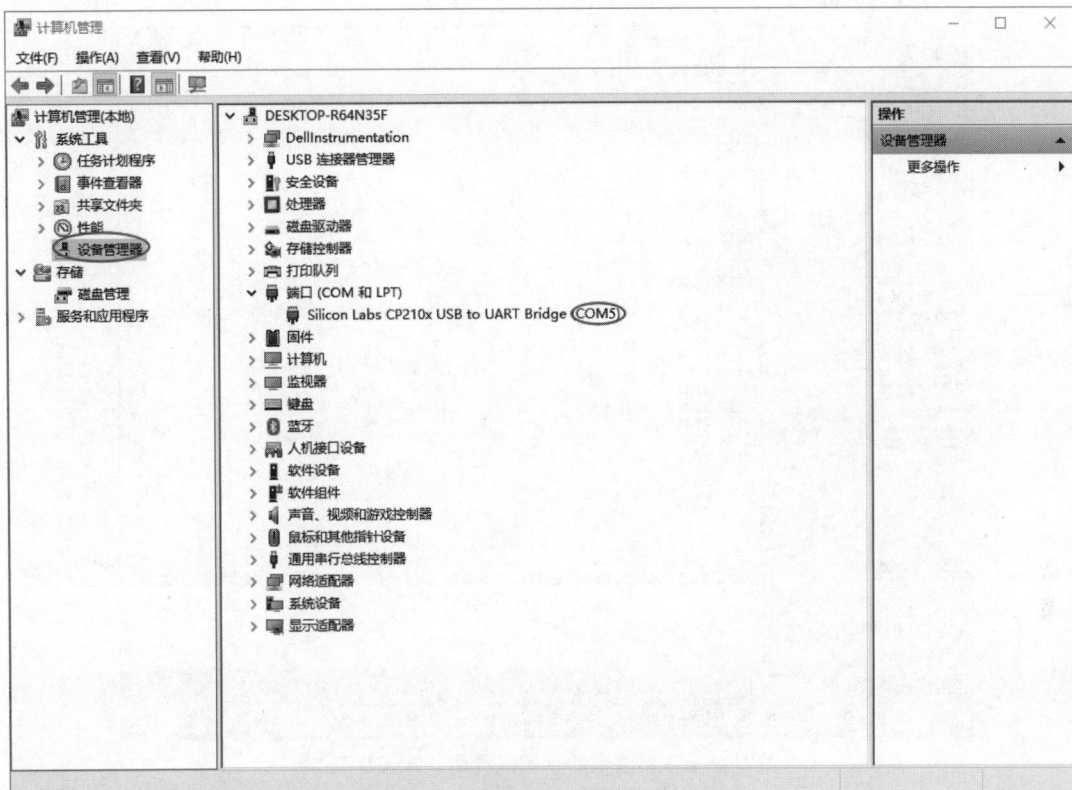

图 7-6　设备管理器 COM 端口

图 7-7　串口调试助手参数设置

（5）新建或添加管脚约束文件。

（6）生成比特流文件。

（7）硬件仿真无误后，连接串口数据线，通过 JTAG 下载器将 Verilog 硬件程序下载到 FPGA 开发板上。

（8）打开串口调试助手，检验实验结果正确性。如图 7-8 和图 7-9 所示，FPGA 板卡自动周期发送"HELLO FPGA\r\n"给计算机（上位机），计算机也可以在发送区自动或手动发送数据（图中"12 34"）给 FPGA 板卡（下位机）。此外，如取消勾选"十六进制发送"和"十六进制显示"选项，字符变为其 ASCII 码形式。

图 7 - 8　串口调试助手调试界面（ASCII 码）

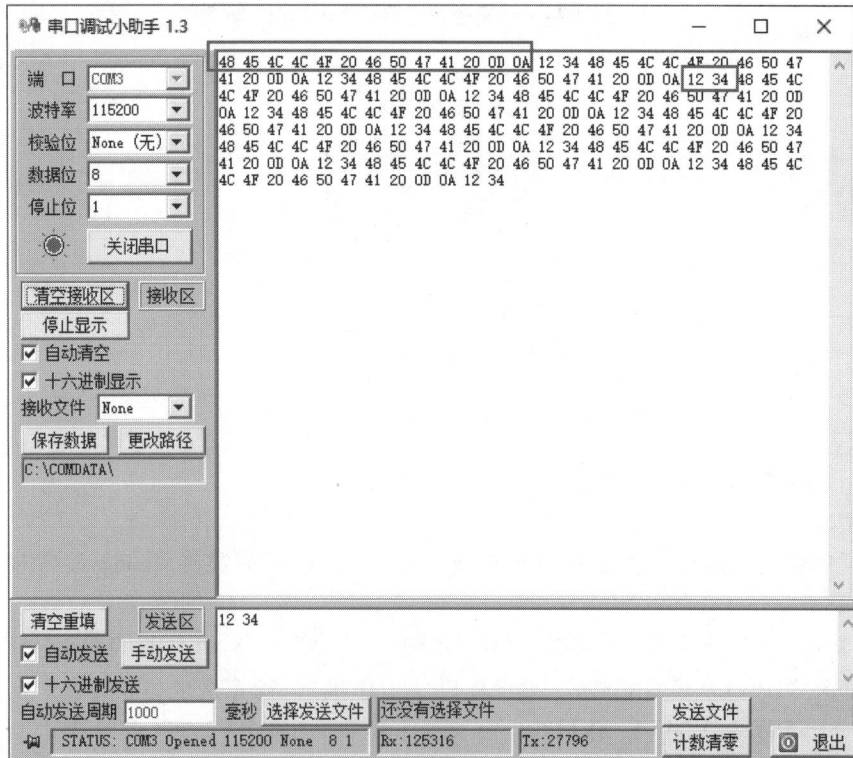

图 7 - 9　串口调试助手调试界面（十六进制）

7.1.3 实验数据处理

（1）在突发数据发送模式下，给出串口调试助手发送数据和接收数据。

（2）在 1 ms 周期数据发送模式下，给出串口调试助手发送数据和接收数据。

7.2 串口通信与波形参数控制实验

7.2.1 实验目的及要求

1. 实验目的

（1）学习 FPGA 下位机与上位机通信协议设计方法。

（2）初步掌握综合性实验方案设计方法。

2. 实验要求

在直接数字频率合成器实验的基础上，设计 FPGA 与串口之间的 UART 通信协议，通过串口调试助手控制输出正弦波信号的频率和幅度等参数。

串口控制指令分为单次控制、连续控制模式。在单次控制模式下，上位机通过串口发送一次下行指令帧；在连续控制模式下，上位机周期发送下行指令帧，FPGA 在线调试软件连续触发信号，输出频率、幅度连续变化的信号波形。

7.2.2 实验原理及步骤

1. 实验原理

主控计算机作为上位机发送 UART 帧结构，硬件实验平台（开发板）从上位机传输的 UART 帧结构中解析信号的类型、幅度、频率等控制参数，信号发生器模块产生相应信号类型，并将当前板卡状态反馈给主控计算机，如图 7－10 所示。支持信号类型可包括基础测量

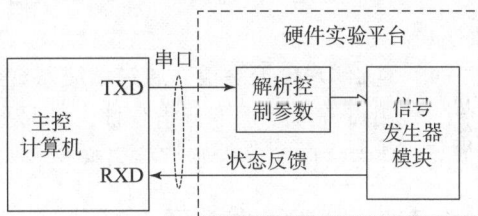

图 7－10 信号发生器实验硬件组成

信号（正弦波、方波、锯齿波、三角波）、通信调制信号（幅移键控信号、频移键控信号、相移键控信号），以及用户自定义波形等。

硬件实验平台与上位机之间基于 UART 协议进行通信，波特率为 115 200 b/s，每帧包括 1 bit 起始位（"0"）、8 bit 数据位（"0"或"1"）、1 bit 校验位、1 bit 停止位（"1"）。其中，下行指令帧的传输方向定义为主控计算机发送控制指令，FPGA 接收传输帧；上行应答帧的传输方向定义为 FPGA 返回当前状态，主控计算机接收反馈信息。

下行指令帧由 8 帧组成，如图 7－11 所示。其中，帧头固定发送"9F"；第 2 帧为信号类型，最大可表示 256 种不同信号；第 3、4 帧为信号频率，可设置为 65 536 个不同的频点；第 5、6 帧为信号幅度，需根据 DAC 实际驱动电流进行配置；第 7、8 帧为保留帧，固定发送"FF"。

上行应答帧同样由 8 帧组成，如图 7－12 所示。帧头同样固定发送"9F"；第 2 帧为信号类型应答帧，表示当前工作状态的信号类型；第 3、4 帧是信号频率应答帧，表示当前输

出信号的频率；第 5、6 帧是信号幅度应答帧，表示当前输出信号的幅度；第 7 帧为校验帧；第 8 帧为保留帧，固定发送"FF"。

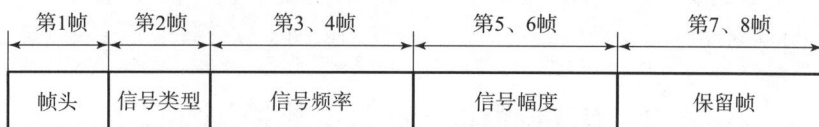

第1帧	第2帧	第3、4帧	第5、6帧	第7、8帧
帧头	信号类型	信号频率	信号幅度	保留帧

图 7-11　下行指令帧结构示意图

第1帧	第2帧	第3、4帧	第5、6帧	第7帧	第8帧
帧头	信号类型应答帧	信号频率应答帧	信号幅度应答帧	校验帧	保留帧

图 7-12　上行应答帧结构示意图

2. 实验步骤

（1）设计硬件实验平台与上位机之间的 UART 通信协议。

（2）在串口回传实验的基础上，结合信号发生器实验，根据 UART 通信协议，从下行帧中解析信号类型、频率、幅度参数信息，生成相应输出信号。若 FPGA 判断解析的下行帧参数不符合协议，则通过上行帧向上位机反馈错误指示；否则，返回当前状态应答帧。

（3）程序综合、布局布线、生成比特流文件。通过 JTAG 下载器将 Verilog 硬件程序下载到 FPGA 开发板上，连接串口数据线，串口发送单次、连续控制指令，通过在线调试观察实验结果。

（4）连接 DAC 扩展板，通过示波器观察实验结果。

（5）串口连续发送下行指令帧，信号的频率、幅度按线性规律连续变化，示波器、在线调试两种方式同时触发观察信号变化。

7.2.3　实验数据处理

（1）给出三组不同频率、幅度的输出信号在线调试结果和示波器观察结果。

（2）下行帧发送错误指令，检验 FPGA 错误解析功能。

第8章

通信调制信号波形设计实验

8.1　调制信号生成实验

8.1.1　实验目的及要求

1. 实验目的

（1）了解通信信号调制基本原理。

（2）掌握数字调制信号实现方法。

2. 实验要求

产生幅移键控、频移键控、相移键控三种数字调试信号，循环发送信息"1 0 1 1 0 0 1 0"，比特速率为 100 kb/s（即每比特时间为 10 μs）。幅移键控和相移键控信号的载波周期为 2.2 MHz；频移键控信号的载波周期为 2.2 MHz 和 4.1 MHz。

8.1.2　实验原理及步骤

1. 实验原理

ASK（Amplitude – Shift Keying，幅移键控）又称为"振幅键控"或"开关键控"（OOK），把频率、相位作为常量，而把振幅作为变量，信息比特通过载波的幅度进行传递。FSK（Frequency – Shift Keying，频移键控）是用两个频率承载二进制 1 和 0 的双频 FSK 系统。PSK（Phase – Shift Keying，相移键控）取码元为"1"时，调制后载波与未调载波反相；取码元为"0"时，调制后载波与未调载波同相。图 8 – 1 给出了 ASK、FSK、PSK 调制信号示意图。

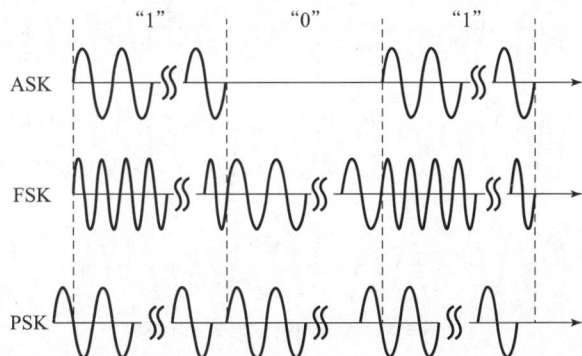

图 8 – 1　通信调制信号示意图

2. 时序设计

实验要求比特速率为 100 kb/s，对应比特时间为 10 μs，如图 8-2 所示。①9 比特位宽计数器 1 在每个时钟上升沿来临时加 1，其计数范围为 0~499。②计数器 2 每 10 μs 加 1，由于信息为 8 bit，因此计数器 2 的计数范围为 0~7，位宽为 3 bit。③信息数据 info 信号根据计数器 2 输出 "0" 或 "1" 信息，以 "10110010" 不断循环。

通信调制信号的设计时序如图 8-3 所示。计数器 1 的一个计数周期对应一个信息比特的持续时间，计数器 2 用于更新信息比特，根据不同的调制体制，幅移键控信号（ASK）、频移键控信号（FSK）、相移键控信号（PSK）以信息数据 info 信号为控制开关，控制正弦波信号输出的有无、频率、相位。①当 info 为 "1" 时，ASK 输出 2.2 MHz 正弦波信号；当 info 为 "0" 时，ASK 无任何信号输出。②当 info 为 "1" 时，FSK 输出 4.1 MHz 正弦波信号；当 info 为 "0" 时，FSK 输出 2.2 MHz 正弦波信号。③当 info 为 "1" 时，PSK 输出初始相位为 180° 的 2.2 MHz 信号；当 info 为 "0" 时，PSK 输出初始相位为 0° 的 2.2 MHz 信号。

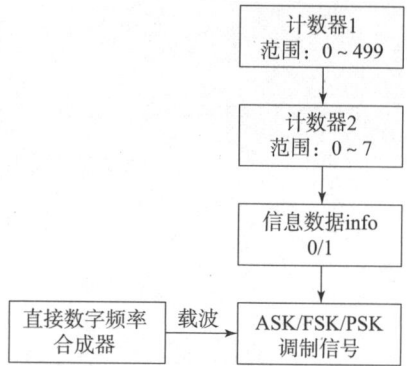

图 8-2 通信调制信号设计流程

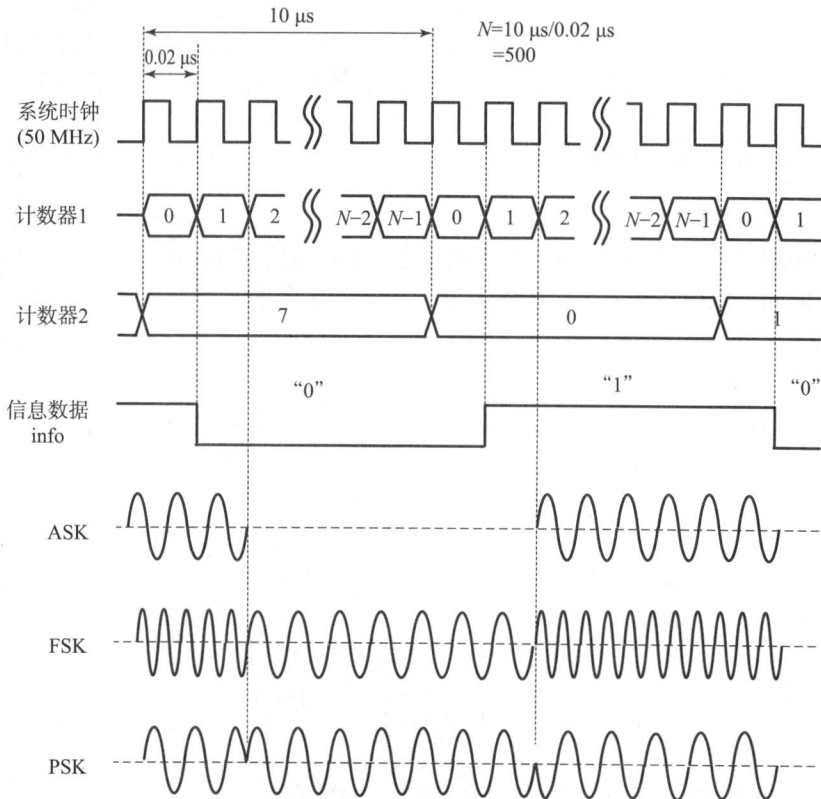

图 8-3 通信调制信号设计时序

3. 实验步骤

（1）新建工程。

（2）新建 Verilog 文件（.v 文件）。

（3）在上一步新建的 .v 文件中编写 Verilog 程序代码，实现实验要求的 ASK、FSK、PSK 三种调制。

（4）新建管脚约束文件，与顶层文件的输入/输出端口一致。

（5）生成比特流文件。

（6）在硬件仿真环境中对程序功能进行仿真，检查信号时序是否与设计时序一致。如图 8 - 4 所示，ASK 以信号幅度表示信息，当 info 为"1"时，ASK 输出的 2.2 MHz 正弦波信号内有 22 个载波周期（2.2 MHz/100 kHz = 22）。

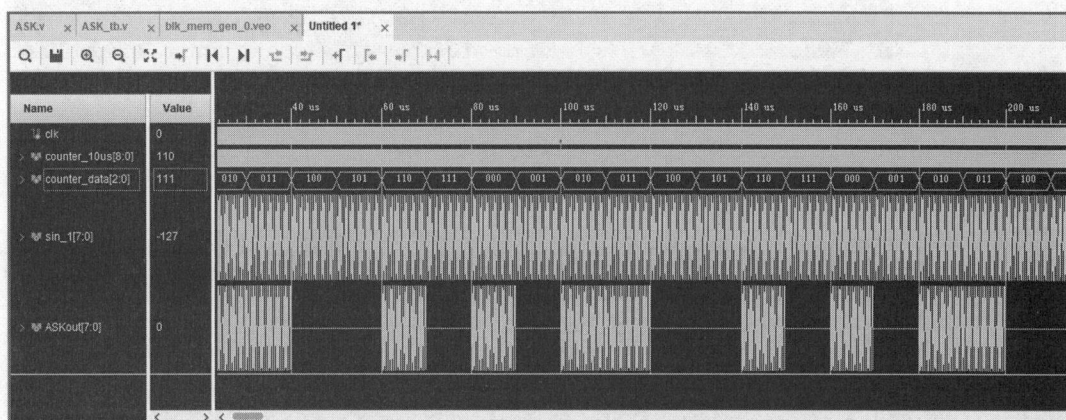

（a）

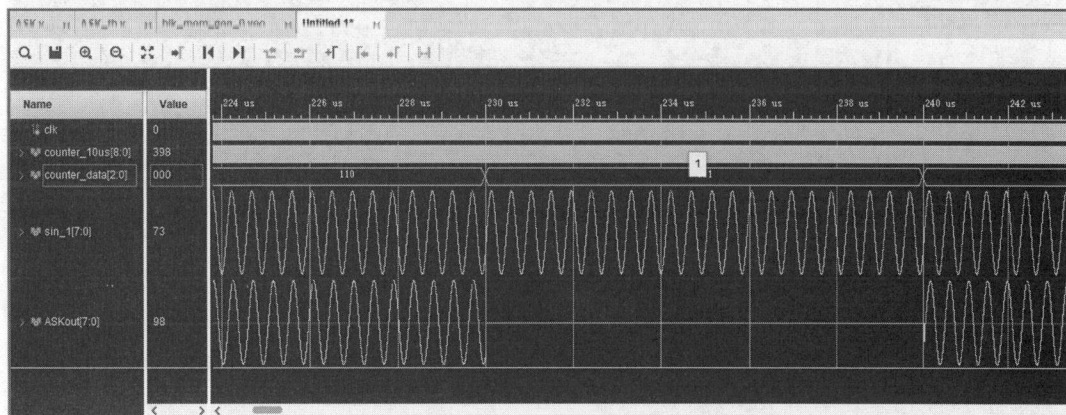

（b）

图 8 - 4 ASK 调制信号硬件仿真结果

图 8 - 5 为 FSK 调制信号硬件仿真结果。图中 sin_1 和 sin_2 分别为 2.2 MHz 和 4.1 MHz 正弦波，FSKout 为输出 FSK 信号。

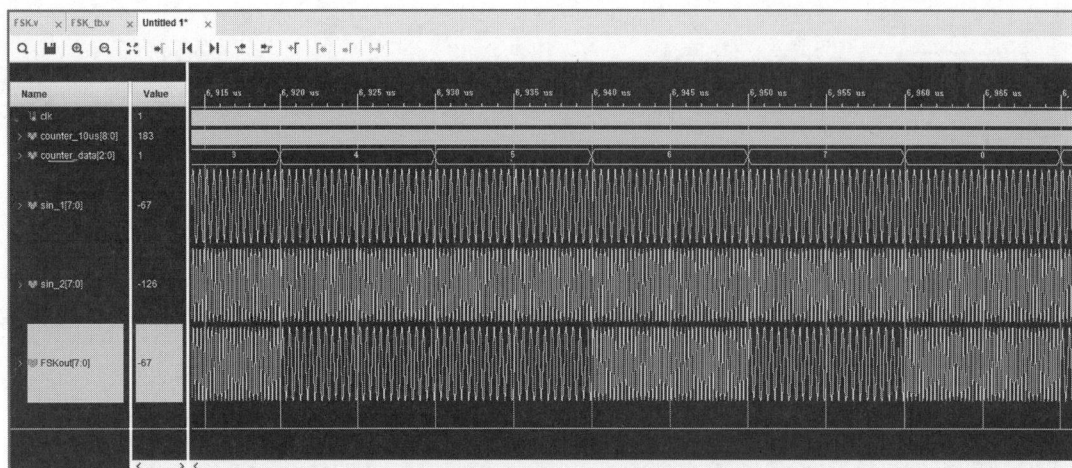

（a）

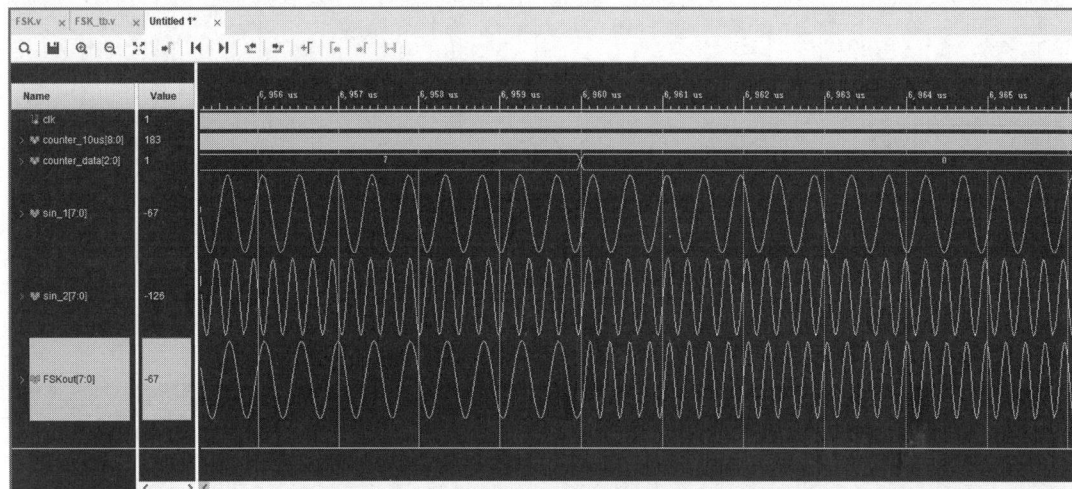

（b）

图 8 − 5　FSK 调制信号硬件仿真结果

图 8 − 6 为 PSK 调制信号硬件仿真结果。图中 sin_1 和 sin_2 分别为初始相位为 0°和 180°的 2.2 MHz 正弦波，PSKout 为输出 PSK 信号。可以看到，在信息数据（图中 infor_data）变化时刻，载波相位发生了 180°翻转。

（7）通过 JTAG 下载器将 Verilog 硬件程序下载到 FPGA 开发板上，用 ChipScope 采集在线信号波形。

（8）连接 DAC 扩展板，通过示波器观察信号波形。

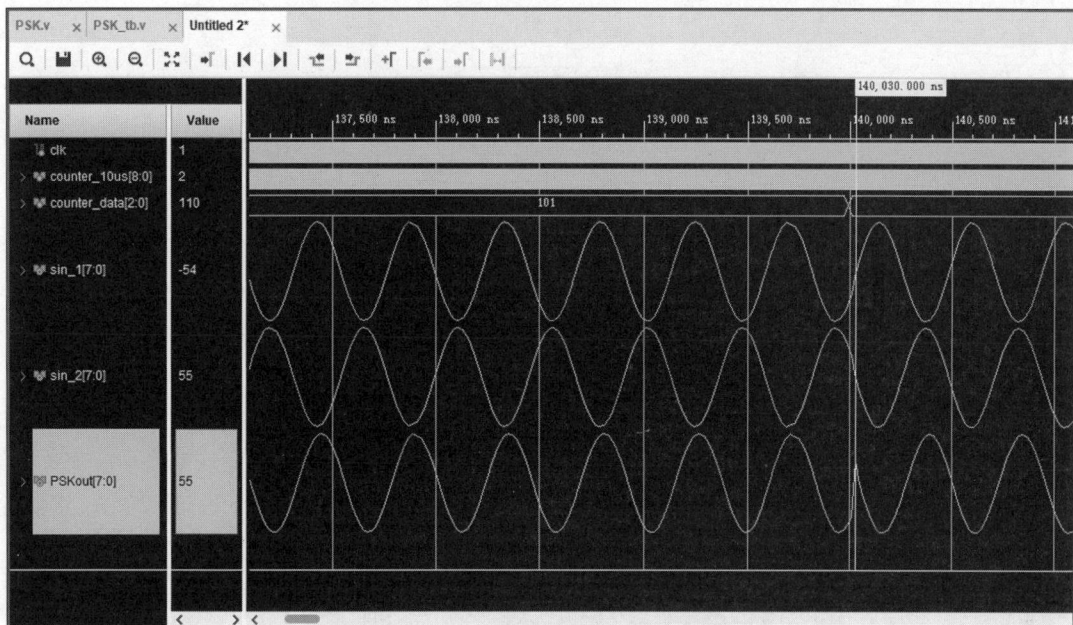

图 8 − 6 　PSK 调制信号硬件仿真结果

8.1.3　实验数据处理

（1）给出实验要求对应的 ASK、FSK、PSK 信号的硬件仿真、ChipScope 结果波形。

（2）给出实验要求对应的示波器结果波形，并测量其频率、峰峰值。

8.2　调制信号输出控制与状态显示实验

8.2.1　实验目的及要求

1. 实验目的

（1）巩固信号控制与状态显示设计方法。

（2）掌握模块化 FPGA 编程设计方法。

2. 实验要求

在前一节实验的基础上，结合串口通信与波形参数控制实验进行设计。用户通过串口以下行帧指令方式控制 ASK、FSK、PSK 通信调制信号是否输出，并用 LED0、LED1、LED2 分别显示当前输出状态，初始化均无输出，3 组之间互相独立。例如，串口可控制 ASK、FSK、PSK 通信调制信号只输出其中任意一路，相应的 LED 亮；也可控制输出其中任意两路，相应的两个 LED 亮；还可控制三路同时输出，3 个 LED 全亮。

8.2.2　实验原理及步骤

1. 实验原理

本实验设计流程如图 8 − 7 所示。Verilog 先产生 3 种调制信号，进而通过串口指令控制 3 种通信调制信号是否输出，同时，LED 控制信号置为高电平。ASK 调制信号输出时，LED0 亮；FSK 调制信号输出时，LED1 亮；PSK 调制信号输出时，LED2 亮，3 组相互独立。

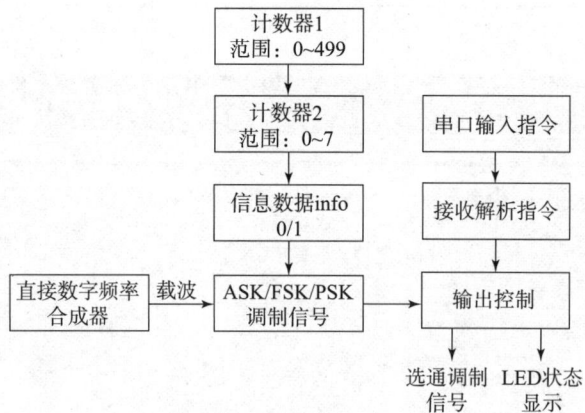

图 8 – 7　调制信号控制与状态显示实验设计流程

下行指令帧由 6 帧组成，如图 8 – 8 所示。其中，帧头固定发送 "9F"；第 2、3、4 帧分别控制 ASK、FSK、PSK 是否输出；第 5、6 帧为保留帧，固定发送 "FF"。

图 8 – 8　下行指令帧结构示意图

上行应答帧同样由 6 帧组成，如图 8 – 9 所示。帧头同样固定发送 "9F"；第 2、3、4 帧分别表示当前工作状态 ASK、FSK、PSK 是否输出；第 5、6 帧为保留帧，固定发送 "FF"。

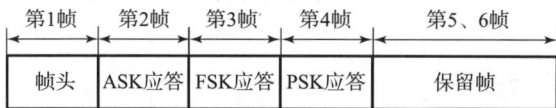

图 8 – 9　上行应答帧结构示意图

2. 实验步骤

（1）新建工程。

（2）新建 Verilog 文件（.v 文件）。

（3）在上一步新建的 .v 文件中编写 Verilog 程序代码。

（4）新建管脚约束文件。

（5）生成比特流文件。

（6）在硬件仿真环境中对程序功能进行仿真，检查信号时序是否与设计时序一致。若不一致，返回程序修改。

（7）通过 JTAG 下载器将 Verilog 硬件程序下载到 FPGA 开发板上，并采集在线信号波形。

8.2.3　实验数据处理

（1）给出不同串口指令控制状态下的硬件仿真、在线结果波形。

（2）自行设计并验证串口控制其他功能。

第三部分　综合设计型实验

第9章
BPSK 数字通信发送系统实验

9.1 BPSK 基带信号生成实验

9.1.1 实验目的及要求

1. 实验目的

（1）了解数字通信系统基本原理。

（2）掌握 BPSK 基带信号产生方法。

2. 实验要求

（1）通过 FPGA 产生 BPSK 基带信号，设计参数为：

➢ 时钟工作频率：50 MHz；

➢ 信息速率：3.125 Mb/s；

➢ 信息数据产生方式：随机 64 bit 数据；

➢ 成形滤波器滚降系数：0.35。

（2）信息速率改为 1.562 5 Mb/s，其他参数不变。

9.1.2 实验原理及步骤

1. 实验原理

基带数字通信信号的频谱较宽，而实际传输信道为带限信道，因此需要通过成形滤波器对基带信号进行带限，以匹配实际传输信道。如图 9－1 所示，原始信息数据为 +1 或 －1 的随机数据，经成形滤波器后，成为带限的基带信号，进一步与直接数字频率合成器产生的载波相乘，将通信信号的频率上变频搬移至中频。

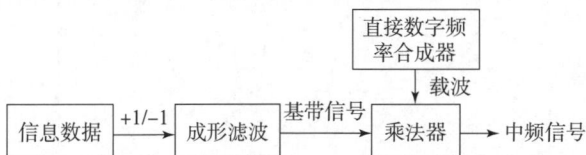

图 9－1 BPSK 通信系统实现结构

符合奈奎斯特第一准则（无码间干扰准则）的理想低通滤波器在频域上的陡峭截止特性无法实现，并且在时域上码间干扰严重。升余弦滚降滤波器能够克服理想低通滤波器的缺点，实现信号的无失真传输。升余弦滚降滤波器的传输函数为：

$$H(f) = \begin{cases} T_s, & 0 \le |f| < \dfrac{1-\alpha}{2T_s} \\[2mm] \dfrac{T_s}{2}\Big[1 + \cos\Big(|f| - \dfrac{1-\alpha}{2T_s}\Big)\Big], & \dfrac{1-\alpha}{2T_s} \le |f| < \dfrac{1+\alpha}{2T_s} \\[2mm] 0, & |f| \ge \dfrac{1+\alpha}{2T_s} \end{cases}$$

式中，T_s 为符号周期；α 为滚降系数。

本实验的发送端和接收端分别采用根升余弦滤波器，整体实现升余弦滤波器的作用，从而既能满足奈奎斯特采样定理，又可以提升接收端信噪比。

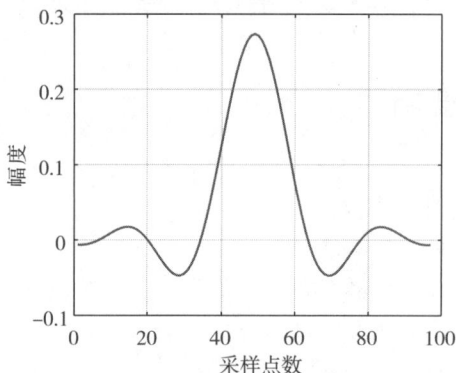

图 9 – 2　根升余弦滤波器响应

本实验要求时钟工作频率为 50 MHz，信息速率为 3. 125 Mb/s，可知过采样倍数为 50 MHz/3. 125 Mb/s = 16。时域上，滤波器输出逐个数据的响应波形如图 9 – 3 所示，每隔 16 个采样点输出下一个数据的成形后波形。图 9 – 4 给出了数据"0 1 1 0"经滤波器后的响应叠加波形，原始信息"0 1 1 0"经极性变换为"+ 1 – 1 – 1 + 1"，其中，"+ 1"的响应波形与图 9 – 2 根升余弦滤波器响应相同，"– 1"的响应波形为负，叠加之后即为基带输出波形。

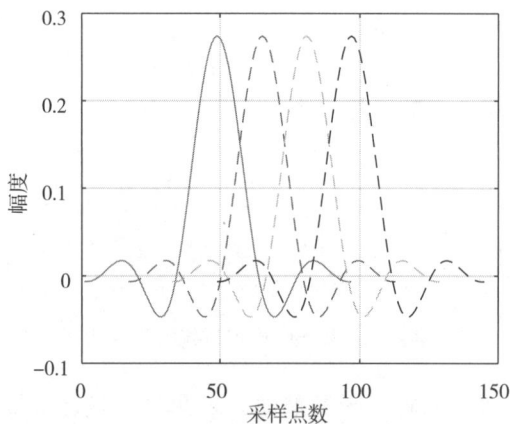

图 9 – 3　滤波器输出逐个数据的响应波形

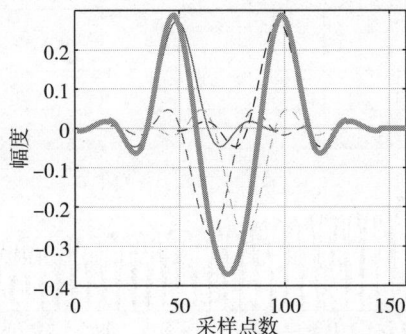

图 9 - 4 数据 "0 1 1 0" 经滤波器后的响应叠加波形

2. 时序设计

实验所需信息数据由 Matlab 产生 64 bit 随机二进制数据，进行极性变换后存于 Block RAM 中，其深度为 64，位宽为 2（表示 +1、-1；如果位宽为 1，可表示 0、1，然后在 Verilog 代码中进行极性变换）。如图 9 - 5 所示，计数器用于控制 ROM 取数据速率，每隔 0.32 μs（16 个时钟周期），ROM 的地址加 1，ROM 取出的数据更新一次，即信息速率为 50 MHz/16 = 3.125 Mb/s。

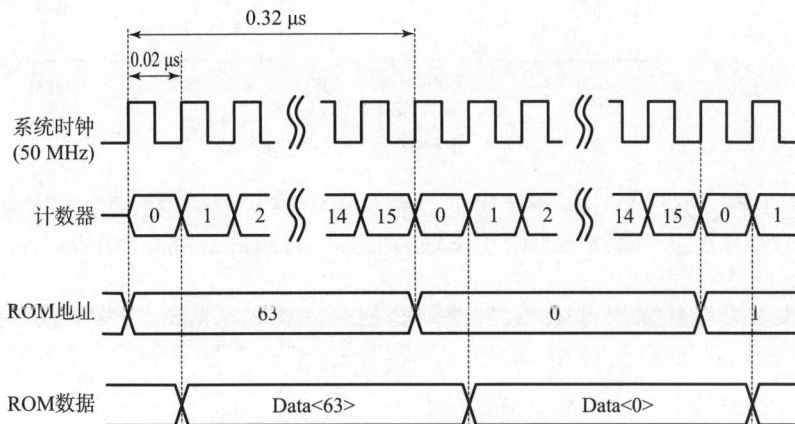

图 9 - 5 BPSK 极性数据设计时序

3. 实验步骤

（1）在 Matlab 中编写 BPSK 基带信号仿真程序，如图 9 - 6 所示，并将产生的随机信息数据存于 .coe 文件中。其中，用于基带成形的根升余弦滤波器采用 rcosfir 函数生成，滚降系数设为 0.35，然后导入 fdatool 设计工具中，幅频响应如图 9 - 7 所示，最后导出系数为定点数的 FIR 滤波器。由信息速率和系统工作频率计算可得本实验的过采样倍数为 16，极性数据经上采样后与成形滤波器卷积后得到基带成形信号，如图 9 - 8 所示。

```
data = 1-2*round(rand(1,64));          % 原始数据，±1
data_up = upsample(data,16);           % 上采样
h = rcosfir(0.35,[-3,3],16,1,'sqrt');  % 根升余弦滤波器
TX_base = conv(data_up,h);             % BPSK基带信号
```

图 9 - 6 BPSK 基带信号产生 Matlab 代码

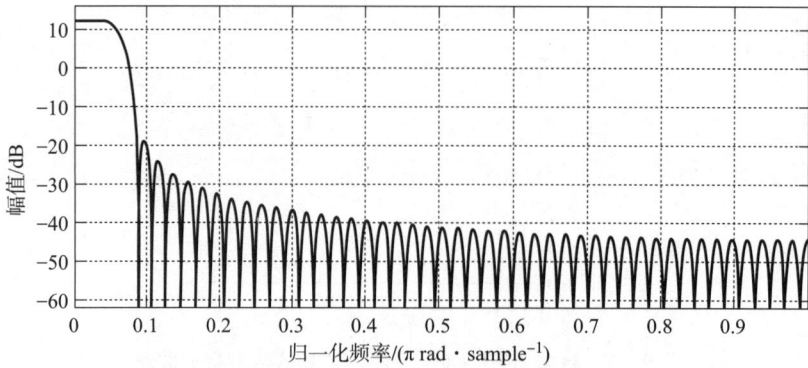

图 9-7　Matlab fdatool 工具成形滤波器幅频响应

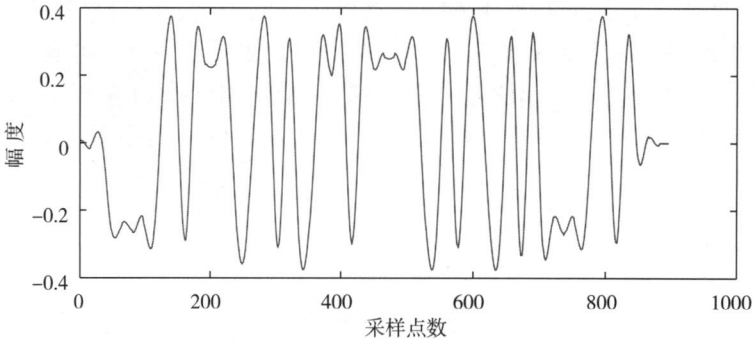

图 9-8　BPSK 基带信号波形

（2）新建工程。编写 Verilog 程序代码，采用 ROM 核存储信息数据，FIR 滤波器采用 IP 核生成，如图 9-9 所示，滤波器类型为内插滤波器，系数由 Matlab 产生的 .coe 文件加载。

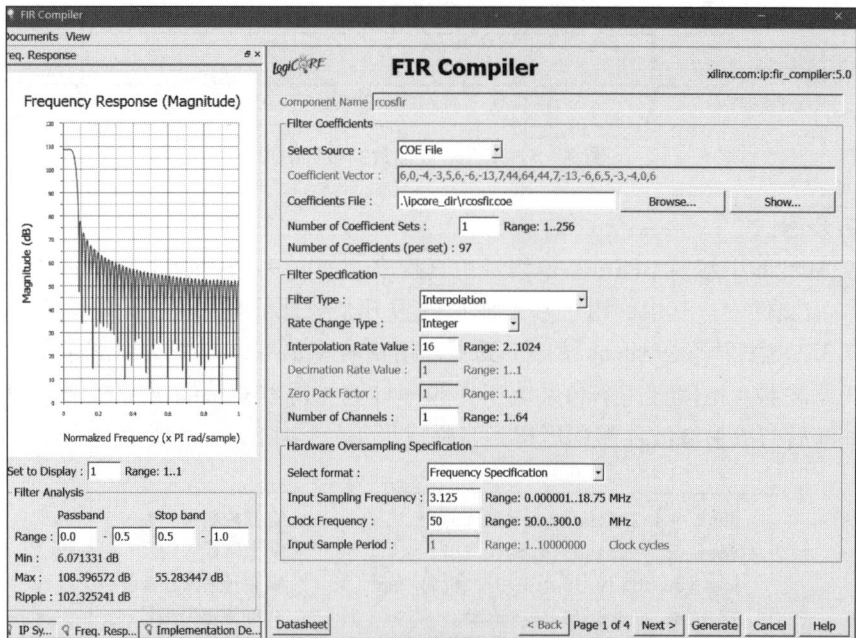

图 9-9　FIR 滤波器 IP 核

（3）新建管脚约束文件，与顶层文件的输入/输出端口一致。然后生成比特流文件。

（4）在硬件仿真环境中对程序功能进行仿真，如图 9 - 10 所示，BPSK 基带信号的功能仿真结果与 Matlab 设计波形一致。

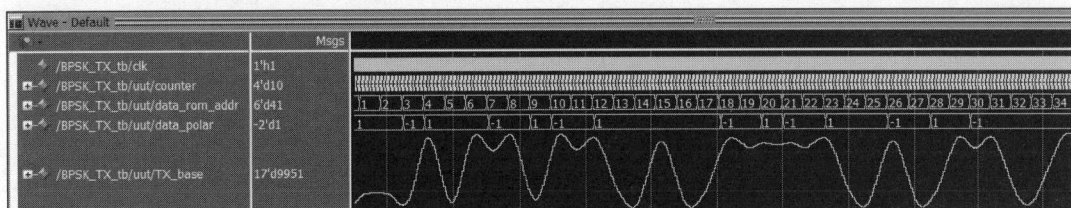

图 9 - 10　BPSK 基带信号硬件仿真

（5）下载到开发板进行在线调试，检查各中间信号的时序与设计时序是否一致。

（6）插入 DAC 扩展板，用示波器观察基带信号波形。

9.1.3　实验数据处理

（1）给出实验要求对应的 BPSK 基带信号的硬件仿真、在线调试结果波形、示波器波形。

（2）完成实验要求（2），过采样倍数变为 50 MHz/1.562 5 MHz = 32，给出 Matlab 仿真程序，以及硬件仿真、在线调试、示波器测试结果，并进行对比验证。

9.2　BPSK 中频信号生成实验

9.2.1　实验目的及要求

1. 实验目的

（1）巩固数字通信系统基本原理。

（2）掌握 BPSK 通信系统实现方法。

2. 实验要求

（1）产生 BPSK 中频信号，设计参数为：

➢ 时钟工作频率：50 MHz；

➢ 信息速率：3.125 Mb/s；

➢ 信息数据产生方式：随机 64 bit 数据；

➢ 成形滤波器滚降系数：0.35；

➢ 中频频率：10.7 MHz。

（2）信息速率改为 1.562 5 Mb/s，中频频率为 11.4 MHz，其他参数不变。

9.2.2　实验原理及步骤

1. 实验原理

数字上变频的作用是将基带调制信号的频谱搬移至中频，以便于信道传输。如图 9 - 11

所示，信号中心频率由 0 搬移到 f_o。由于正交上变频后的信号为实信号，因此其频谱是关于原点（零频）共轭对称的。

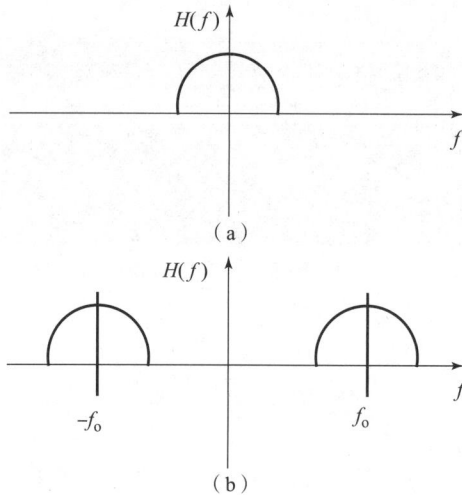

图 9 – 11   正交上变频前后信号频谱示意图

（a）基带信号频谱；（b）中频信号频谱

2. 时序设计

在 BPSK 基带信号生成实验的基础上，基于直接频率合成原理生成中频载波，即采用 ROM 核存储一个周期的正弦波量化数据，其位宽为 8 bit、深度为 65 536 bit，计算 10.7 MHz 对应的频率控制字（原理、计算方法参考第 6.1 节）。如图 9 – 12 所示，数字上变频器采用 Multiply 乘法器 DSP 核，乘法器的输入两端口分别为 8 bit、17 bit 位宽的有符号数，输出中频信号的位宽为 25 bit（输入两端口信号位宽之和），最后截取多余的符号位。

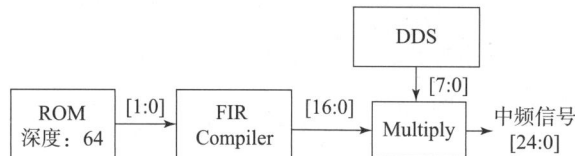

图 9 – 12   BPSK 中频发送端实现结构

3. 实验步骤

（1）在 Matlab 中编写 BPSK 中频信号仿真程序，将前一实验成形滤波后的基带信号与载波相乘，得到 BPSK 中频信号，如图 9 – 13 所示。

（2）新建工程。编写 Verilog 程序代码，基于查表法生成 10.7 MHz 载波，与前一实验生成的基带信号通过乘法器 DSP 核完成数字上变频，将信号频谱由基带搬移至 10.7 MHz 中频。

（3）新建管脚约束文件，与顶层文件的输入/输出端口一致。然后生成比特流文件。

（4）在硬件仿真环境中对程序功能进行仿真，如图 9 – 14 和图 9 – 15 所示，BPSK 中频信号的功能仿真结果应与 Matlab 设计波形一致。

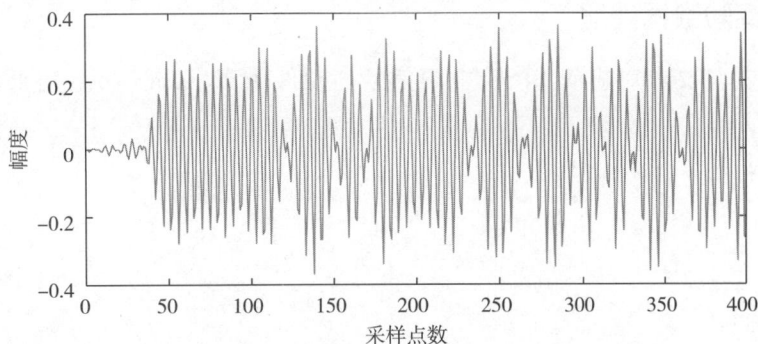

图 9 – 13　BPSK 中频信号 Matlab 波形

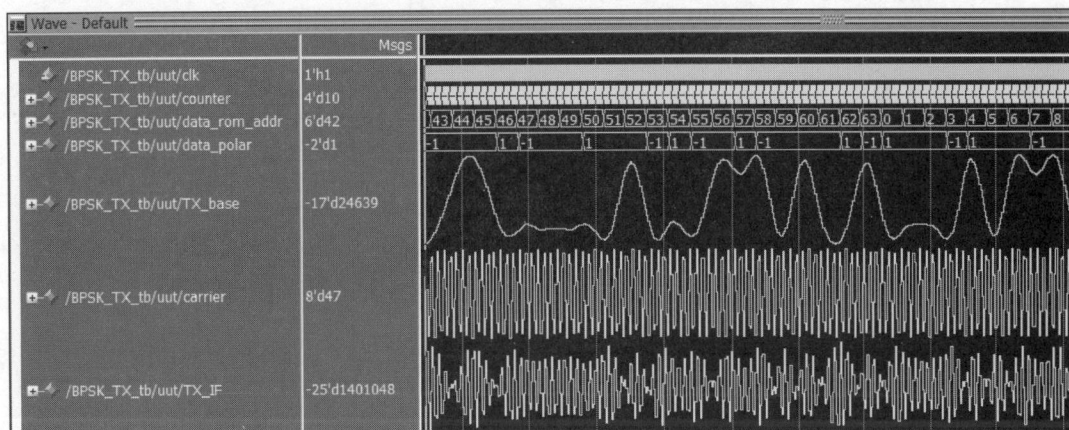

图 9 – 14　BPSK 中频信号 ModelSim 波形

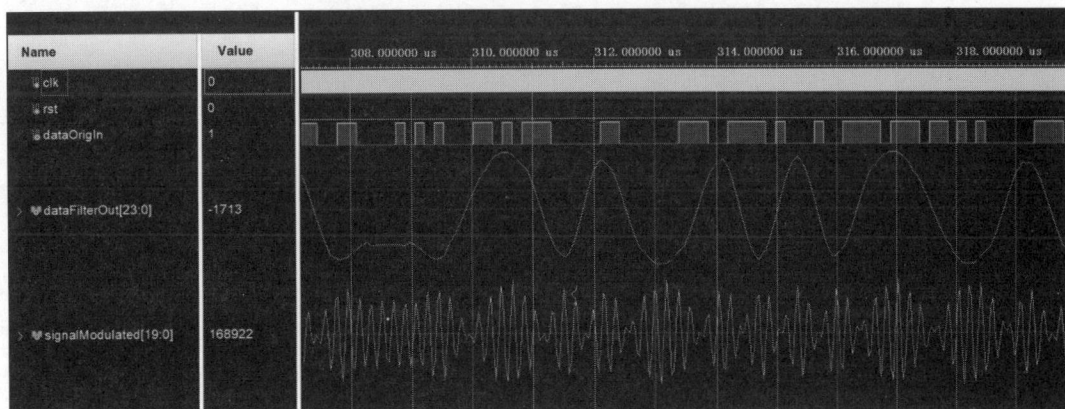

图 9 – 15　BPSK 中频信号 Vivado 波形

（5）下载到开发板进行在线调试，检查各中间信号的时序与设计时序是否一致。

（6）插入 DAC 扩展板，用示波器观察中频信号波形。

（7）通过频谱分析仪观察中频信号的频谱。

9.2.3 实验数据处理

（1）给出实验要求对应的 BPSK 中频信号的硬件仿真、ChipScope 结果波形、示波器波形。

（2）完成实验要求（2）。

第 10 章

直接序列扩频通信实验

10.1 扩频码生成实验

10.1.1 实验目的及要求

1. 实验目的

（1）掌握 m 序列伪随机码生成实现方法。

（2）对比不同实现方法占用硬件资源量。

2. 实验要求

（1）基于线性反馈移位寄存器，产生周期为 31 的 m 序列，通过 Matlab 给出 m 序列自相关与互相关结果图。

（2）采用块 RAM 循环读取本地存储的码序列。

10.1.2 实验原理及步骤

1. 实验原理

m 序列是最长线性移位寄存器序列的简称，是一种基本又典型的伪随机序列，广泛应用于通信及电子领域。周期为 31 的 m 序列对应线性反馈移位寄存器为 5 级，生成原理如图 10 - 1 所示，寄存器 R0 的输出作为 m 序列。

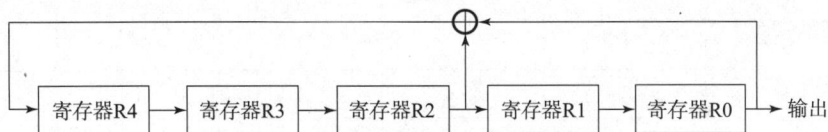

图 10 - 1 5 级线性反馈移位寄存器生成原理

本实验寄存器的初始状态设为 0 0 0 0 1，则寄存器状态及对应输出的 m 序列见表 10 - 1。经过 31 次输出后，第 32 时刻的寄存器状态与时刻 1 的状态相同。

表 10 - 1 寄存器状态及对应输出的 m 序列

时刻	R4 寄存器	R3 寄存器	R2 寄存器	R1 寄存器	R0 寄存器	输出 m 序列
1	0	0	0	0	1	1
2	1	0	0	0	0	0

时刻	R4 寄存器	R3 寄存器	R2 寄存器	R1 寄存器	R0 寄存器	输出 m 序列
3	0	1	0	0	0	0
4	0	0	1	0	0	0
5	1	0	0	1	0	0
6	0	1	0	0	1	1
7	1	0	1	0	0	0
8	1	1	0	1	0	0
9	0	1	1	0	1	1
10	0	0	1	1	0	0
11	1	0	0	1	1	1
12	1	1	0	0	1	1
13	1	1	1	0	0	0
14	1	1	1	1	0	0
15	1	1	1	1	1	1
16	0	1	1	1	1	1
17	0	0	1	1	1	1
18	0	0	0	1	1	1
19	1	0	0	0	1	1
20	1	1	0	0	0	0
21	0	1	1	0	0	0
22	1	0	1	1	0	0
23	1	1	0	1	1	1
24	1	1	1	0	1	1
25	0	1	1	1	0	0
26	1	0	1	1	1	1
27	0	1	0	1	1	1
28	1	0	1	0	1	1
29	0	1	0	1	0	0
30	0	0	1	0	1	1
31	0	0	0	1	0	0
32	0	0	0	0	1	1

如图 10 - 2 所示，可以通过自相关来判断生成的 m 序列是否正确。m 序列广泛应用于

通信系统，传输多帧信息时，可将 m 序列作为帧头来进行帧同步；在进行载波同步的仿真时，可将 m 序列作为帧头，通过相关峰的正负和索引来解决相位模糊（倒 II 现象）、确定最佳采样点等，如图 10-3 所示。以 BPSK 载波同步仿真为例，首先生成 512 位 m 序列，并且将该 m 序列作为帧头加入生成的随机 0、1 比特流之前，接收端把 m 序列与锁相环输出信号做相关，此时相关峰为正，说明没有发生相位模糊，接收信号无误，两信号相关滞后为零，说明此时已经对齐，为最佳采样时刻，即可进行误码率比对。

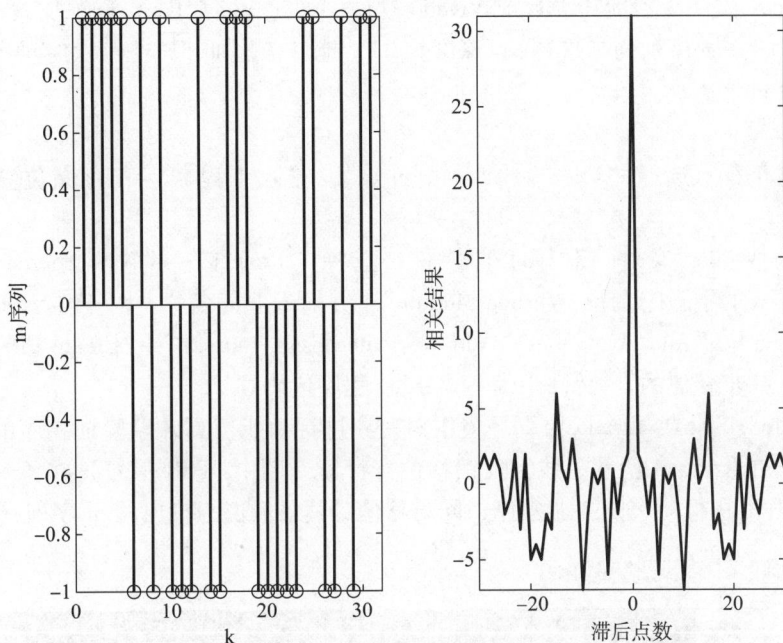

图 10-2　Matlab 生成 31 位双极性 m 序列及其自相关仿真结果

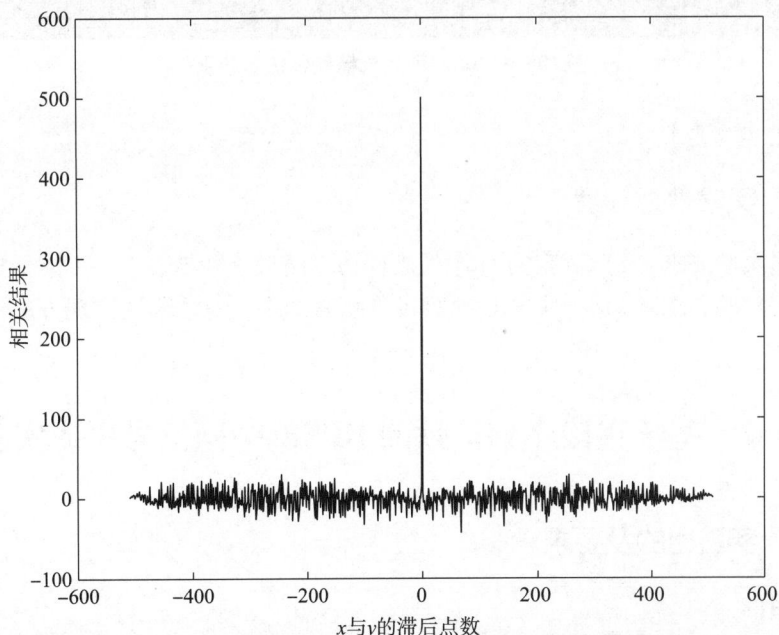

图 10-3　512 位 m 序列与带有同样帧头锁相环输出的相关结果

2. 时序设计

对于实验要求（1），定义一个位宽为 5 bit 的寄存器型变量，其最高位对应表 10 - 1 中的 R4 寄存器、最低位对应 R0 寄存器。在每次时钟上升沿时，对 R2 寄存器和 R0 寄存器进行一次模 2 加运算，并通过加法位运算对该变量的最高位进行更新。该变量的最低位即需要输出的 m 序列。

对于实验要求（2），首先通过 Matlab 软件生成一个完整周期的 m 序列，长度为 31 bit，存储于本地 .coe 文件。然后在 ISE 或 Vivado 软件中通过 Block RAM 资源加载该 .coe 文件，RAM 的位宽为 1（m 序列为二进制）、深度为 31，地址依次加 1，在每次时钟上升沿从地址取数输出作为 m 序列。

3. 实验步骤

（1）新建工程，选择"File"→"New Project"，输入工程名字和存储位置，选择相应 FPGA 型号。

（2）新建 Verilog 文件。对于 ISE 软件，选择"Project"→"New Source"，在"New Source Wizard"对话框中选择"Verilog Module"，并输入 File 名称。对于 Vivado 软件，选择"Project Manager"→"Add Sources"→"Add or create design sources"→"Create File"。

（3）在上一步新建的 .v 文件中编写 Verilog 程序代码。

（4）在 ModelSim 或 Vivado 仿真环境中对时序进行功能仿真，以验证程序的功能是否符合设计时序。如图 10 - 4 所示，线性反馈移位寄存器（图中 LFSR 信号）在每个时钟（图中 clk 信号）上升沿执行一次模二加操作，同时移位，其最低位为输出的 m 序列（图中 m_seq_out 信号）。

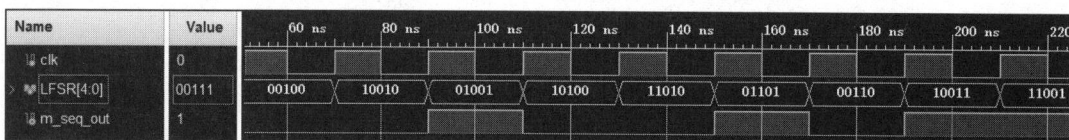

图 10 - 4   m 序列生成器硬件仿真结果

（5）完成实验要求（2）。

10.1.3　实验数据处理

（1）给出实验要求（1）对应的 m 序列硬件仿真结果，并与表 10 - 1 进行核对。

（2）给出实验要求（2）对应的 m 序列硬件仿真结果，对比不同实现方法占用的硬件资源量。

10.2　基于直接序列扩频的 BPSK 中频信号生成实验

10.2.1　实验目的及要求

1. 实验目的

（1）巩固扩频通信系统基本原理。

（2）掌握 DSSS – BPSK 通信系统实现方法。

2. 实验要求

产生多路 DSSS – BPSK 中频信号，设计参数为：

➤ 时钟工作频率：50 MHz；

➤ 码片 Chip 速率：3. 125 Mcps；

➤ 扩频码长：31；

➤ 扩频码类型：m 序列；

➤ 信息数据产生方式：随机 64 bit 数据；

➤ 成形滤波器滚降系数：0. 35；

➤ 扩频通道数：8；

➤ 中频频率：10. 7 MHz。

10. 2. 2　实验原理及步骤

1. 实验原理

在 BPSK 数字通信系统实验的基础上进行扩频，图 10 – 5 为扩频前后信号频谱对比。系统结构如图 10 – 6 所示。由于 Chip 速率为 3. 125 Mcps、时钟工作频率为 50 MHz，可知过采样倍数为 50 MHz/3. 125 Mcps = 16，通道 1 ~ 8 根据对应的扩频码产生相应各路信号后进行叠加输出。扩频码与信息数据的关系如图 10 – 7 所示，由于扩频码长为 31，可知信息速率为 3. 125 Mcps/16，即每 5. 12 μs 时间为一个信息数据的持续时间。

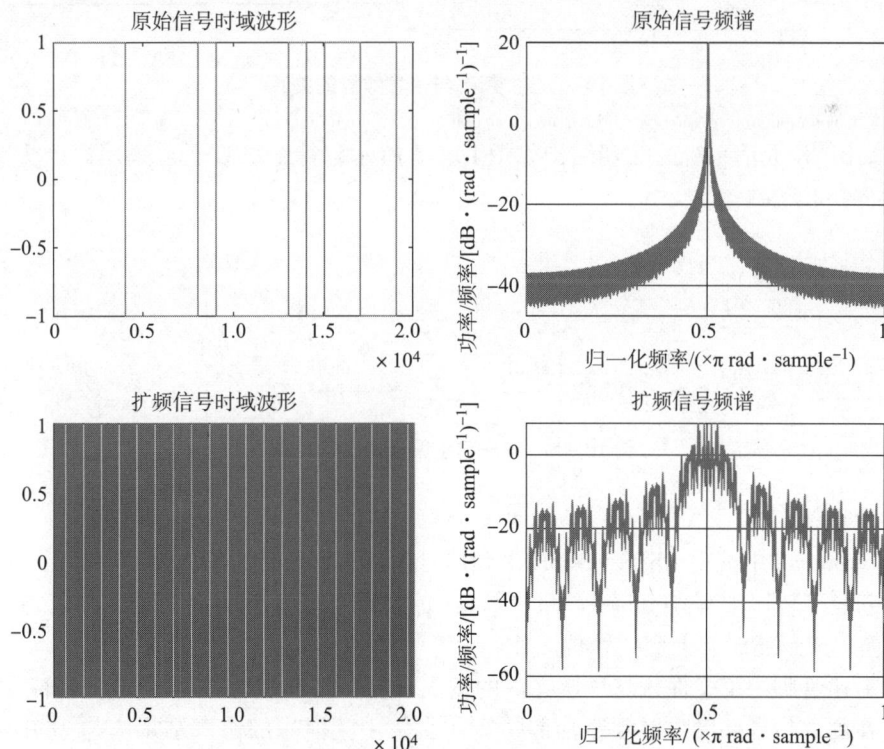

图 10 – 5　扩频前后信号频谱对比

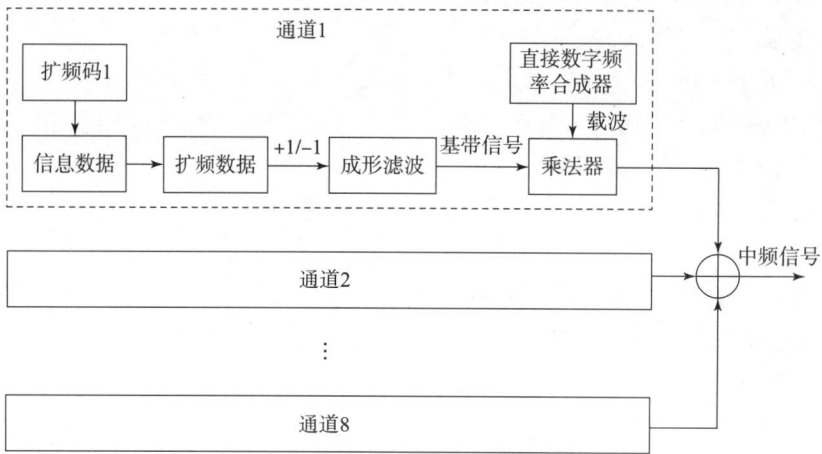

图 10 - 6　DSSS - BPSK 通信系统结构

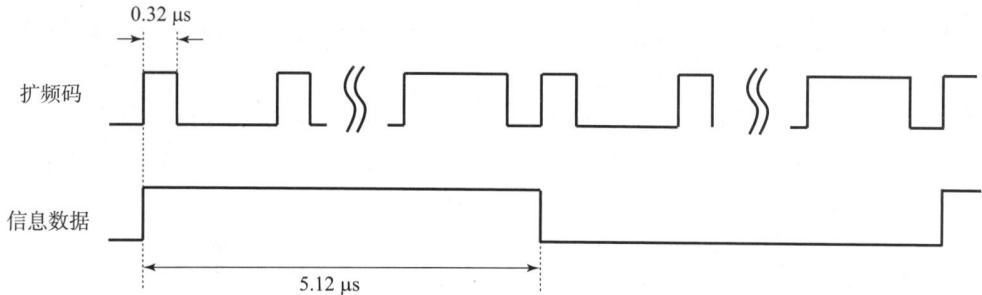

图 10 - 7　扩频码与信息数据的关系

DSSS - BPSK 通信系统的实现结构如图 10 - 8 所示，每个扩频通道采用深度为 31 bit 的 ROM 来存储扩频码数据。

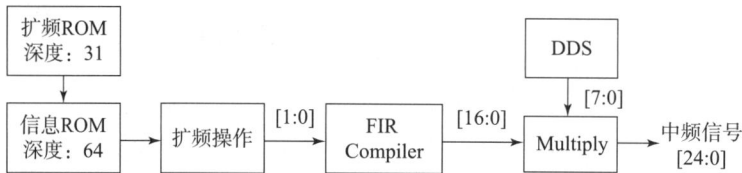

图 10 - 8　某一路扩频通道实现结构

2. 实验步骤

（1）在 Matlab 中编写 DSSS - BPSK 中频信号仿真程序。

（2）新建工程。编写 Verilog 程序代码，在扩频码生成实验的基础上，完成与信息数据的扩频操作、成形滤波、上变频处理。

（3）新建管脚约束文件，与顶层文件的输入/输出端口一致。然后生成比特流文件。

（4）在硬件仿真环境中对程序功能进行仿真，中频信号的仿真结果应与 Matlab 设计波形一致。

（5）下载到开发板进行在线调试，检查各中间信号的时序与设计时序是否一致。

（6）插入 DAC 扩展板，用示波器观察中频信号波形，如图 10 - 9 所示。

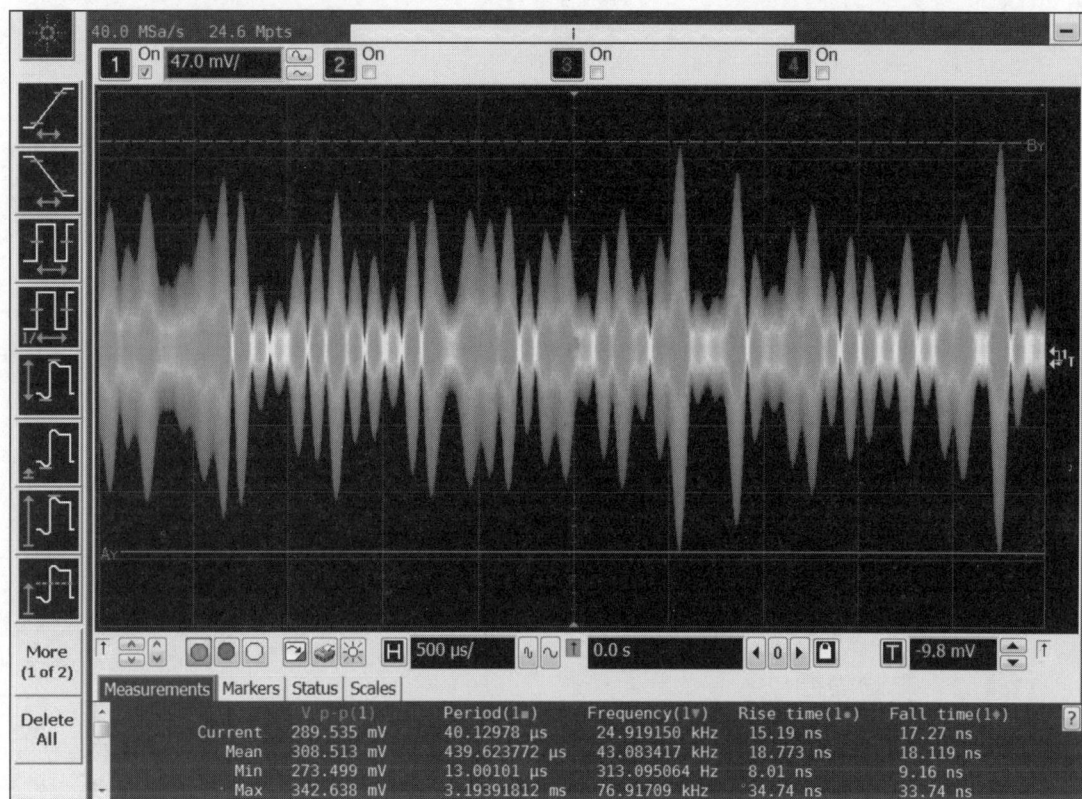

图 10 - 9 示波器观察扩频中频信号波形

10.2.3 实验数据处理

（1）给出实验要求对应的 DSSS - BPSK 中频信号的 Matlab 仿真、在线调试波形、示波器观测结果、频谱仪观测结果。

（2）对比扩频前后的信号频谱并进行分析。

第 11 章
卷积码信道编译码实验

11.1　卷积码性能仿真实验

11.1.1　实验目的及要求

1. 实验目的

（1）了解卷积码信道编码、译码基本原理。

（2）掌握 BPSK 卷积码通信系统仿真方法。

2. 实验要求

编写 BPSK 卷积码通信系统仿真程序，给出 10^{-5}、10^{-6} 误码率条件下的编码增益。

11.1.2　实验原理

通信信道的非理想性导致传输的某些比特发生错误，即误码。克服误码最有效的方法是差错控制编码，在发送端被传输的信息序列上附加一些与信息之间以某种确定规则建立校验关系的冗余码元，接收端按照已知规则检验信息码元与冗余码元之间的关系，从而发现错误比特，进而纠正错误比特。卷积编码是现代通信系统应用广泛的一种信道编码，维特比（Viterbi）译码算法纠错能力强，能够纠随机差错和突发差错。编译码设备简单，成为移动通信系统及卫星通信系统的重要组成部分。

1. 编码器

卷积码是一个有限记忆系统，不仅与本时刻的分组有关，还与本时刻之前的分组有关。卷积码通常用 (n, k, K) 表示参数，$R = k/n$ 为码率，K 为约束长度。一个通用卷积码编码器可以由一个 $k(K-1)$ 级移位寄存器和 n 个模 2 加法器组成。译码器的输出由 K 个 k 比特移位寄存器共同决定。在每个时间单位内，k 比特信息位移入寄存器最开始的 k 级，同时，移位寄存器中原有的各位右移 k 级，n 个模 2 加法器的输出即是编码器的输出。图 11 − 1 是 $(2, 1, 3)$ 卷积码编码器框图。

对于 $(2, 1, 3)$ 卷积码，记忆信息 m_{i-1} 和 m_{i-2} 的 4 种组合决定了编码器当前的 4 种状态；记忆信息 m_{i-1} 和 m_{i-2}，加上当前的输入 m_i 共同决定了编出的码字；编码器的下一状态则是由当前状态和输入的信息 m_i 决定的，图 11 − 2 是 $(2, 1, 3)$ 卷积码的网格图。

2. 维特比（Viterbi）译码算法

假设发送端发送码字序列 $C = (C^0, C^1, \cdots, C^l)$，接收端接收的码字序列是 $R = (R^0, R^1, \cdots, R^l)$。

First Output
低位

输入　m_i　寄存器　m_{i-1}　寄存器　m_{i-2}

Second Output
高位

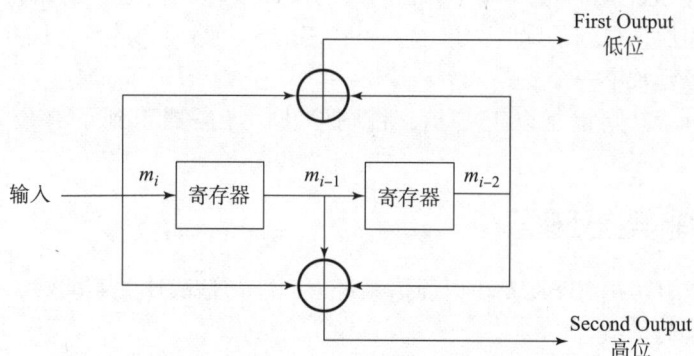

图 11-1　（2，1，3）卷积码编码器结构

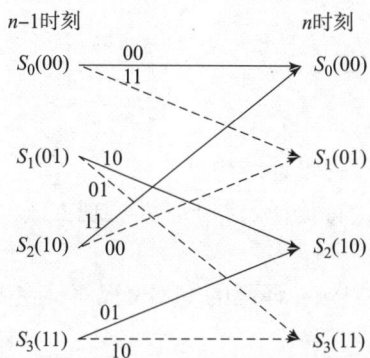

$n-1$时刻　　　　　　　　　　　n时刻

$S_0(00)$　　00　　　　　　　　$S_0(00)$
　　　　　11

$S_1(01)$　　10　　　　　　　　$S_1(01)$
　　　　　01

$S_2(10)$　　11　　　　　　　　$S_2(10)$
　　　　　00

$S_3(11)$　　01　　　　　　　　$S_3(11)$
　　　　　10

图 11-2　（2，1，3）卷积码网格图

信道的噪声干扰导致 $R \neq C$，这就给译码带来了不确定性。最好的办法是拿序列 R 去和所有可能的候选码字序列 $C_j = (C_j^0, C_j^1, \cdots, C_j^l)$ 一一对比，选出"最佳"的那个序列作为译码估值序列 $\hat{C}$。这里的"最佳"是指具有最大后验条件概率：

$$P(C \mid R) = \max_j \{ P(C_j \mid R) \}$$

一般来说，信道模型并不使用后验条件概率，而只表明转移概率，因此必须通过贝叶斯公式找出这两种概率间的关系：

$$P(C_j \mid R) = \frac{P(C_j)P(R \mid C_j)}{P(R)}$$

这里，$P(R \mid C_j)$ 是发送码字序列 C_j 而得到接收序列 R 的概率，也称似然度。当各可能序列等概率发送时，$P(C_j)$ 是常数；当信道对称时，$P(R)$ 是常数，此时 $\max \{ P(C_j \mid R) \}$ 与 $\max \{ P(R \mid C_j) \}$ 等价。此时，最大似然译码（Maximum Likelihood Decoding，MLD）也就是最佳译码。

影响 Viterbi 译码性能的因素主要有码率、约束长度、判决方式、回溯深度等。

Viterbi 算法的步骤简述如下：

（1）从某一时间单位 $j = K$ 开始，对进入每一状态的所有长为 j 段支路的部分路径计算部分路径度量。对每一状态，挑选并存储一条有最大度量的部分路径及其部分度量值，称此部分路径为幸存路径。

（2）j 增加 1，把此时刻进入每一状态的所有支路度量和同这些支路相连的前一时刻的幸存路径的度量相加，得到了此时刻进入每一状态的幸存路径，进行存储并删去其他所有路径，因此幸存路径延长了一个支路。

（3）若 $j < L + N$，则重复以上各步，否则停止，译码器得到了有最大路径度量值的路径。

11.1.3 实验数据处理

完成实验要求，给出 BPSK 卷积码通信系统误码率与信噪比关系曲线，分析 10^{-5}、10^{-6} 误码率条件下的编码增益。

11.2 卷积码编译码实验

11.2.1 实验目的及要求

1. 实验目的

（1）了解卷积码编译码器硬件设计结构。

（2）掌握卷积码编码器与维特比译码器 FPGA 实现方法。

2. 实验要求

（1）编写卷积码编码器和 Viterbi 译码的 FPGA 程序，在无噪声条件下完成正确译码。

（2）完成 BPSK 卷积码编码实验。

11.2.2 实验原理

Viterbi 译码器主要由三大单元组成：分支度量单元（Branch Metric Unit，BMU）、加 – 比 – 选单元（Add – Compare – Select Unit，ACS）、幸存路径存储单元（Survivor – path Memory Unit，SMU）。译码器的结构如图 11 – 3 所示。

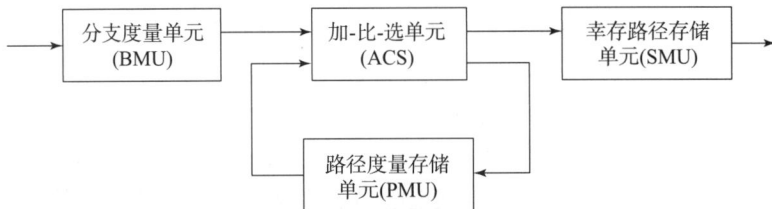

图 11 – 3　Viterbi 译码器结构

分支度量单元用于产生网格图上每一段的全部分支度量值，在采用硬判决方式时，采用汉明距离作为分支度量；在采用软判决方式时，采用欧氏距离作为分支度量。加 – 比 – 选单元用于寻找每个状态的幸存路径，将所得分支度量值与路径存储器中的相应路径度量值相加，得到该路径新的路径度量值，与所有进入该状态的其他路径的路径度量值相比较，路径度量值最小的路径即为幸存路径，这个最小值也就是该状态新的路径度量值，将其存入对应的路径度量存储器中。幸存路径存储单元用于在每个时刻存储所有状态的幸存路径信息。

1. 分支度量单元

在硬判决译码中，解调器给译码器的每个码元只取 0 和 1 两个值，这样会损失信号中的有用信息。

而软判决译码是指解调器不进行判决，而是输出模拟量或是量化后的多电平信号，如图 11-4 所示。

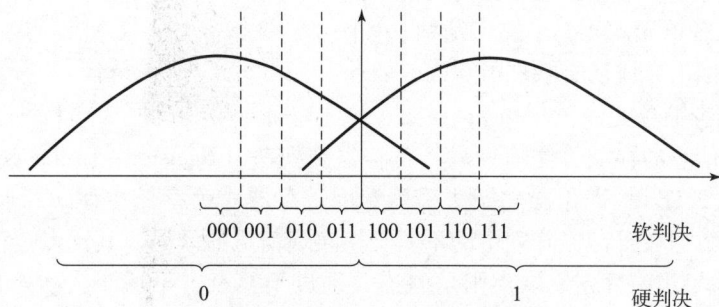

图 11-4　硬判决与八电平软判决

采用软判决比硬判决能得到 2~3 dB 的编码增益，而复杂性相差不大。用八电平量化比无穷量化的性能损失仅 0.2 dB，但复杂度却低很多。因此，工程应用上，通常用八电平或十六电平量化的软判决译码。

欧氏距离计算公式中有平方运算和开根号运算，在 FPGA 中，这类运算将消耗很多资源，增加了设计的复杂度。本实验使用曼哈顿距离（又称出租车距离）来逼近欧氏距离。设接收序列 $r = \{r_0, r_1\}$，八电平量化时，欧氏距离为

$$BM_{00} = \sqrt{(r_0)^2 + (r_1)^2}$$
$$BM_{01} = \sqrt{(r_0)^2 + (7 - r_1)^2}$$
$$BM_{10} = \sqrt{(7 - r_0)^2 + (r_1)^2}$$
$$BM_{11} = \sqrt{(7 - r_0)^2 + (7 - r_1)^2}$$

而曼哈顿距离为

$$BM_{00} = |r_0| + |r_1|$$
$$BM_{01} = |r_0| + |7 - r_1|$$
$$BM_{10} = |7 - r_0| + |r_1|$$
$$BM_{11} = |7 - r_0| + |7 - r_1|$$

式中，BM_{00}、BM_{01}、BM_{10}、BM_{11} 分别是期望码字 00、01、10、11 时的分支度量值。

由于 r_0 和 r_1 用 3 比特二进制表示，所以，$|7 - r|$ 相当于 r 的取反运算。这样，使用曼哈顿距离表示分支度量时，只需取反运算和加法运算，大大简化了 FPGA 的实现复杂度。与使用欧氏距离相比，译码器的性能差仅有 0.1~0.2 dB。

2. 加-比-选单元

加-比-选单元按照硬件实现的 ACS 个数与编码器状态数的多少，可以分为串行结构、全并行结构、串并结合结构。串行结构是指用一个 ACS 单元实现所有 ACS 运算；全并行结

构是指每个状态的 ACS 运算都对应硬件上的一个 ACS 单元；串并结合是指同时工作的 ACS 单元数大于一个，但小于编码器的状态数。

采用串行或串并结合的好处是节省了硬件资源，但这样做的代价是降低了速度，原来在一个周期内的运算现在分几个周期完成。根据状态转移的特点，全并行的 Viterbi 译码器 ACS 单元需要 2 个蝶形结构，如图 11 - 5 所示，在一个周期内完成所有状态的更新。

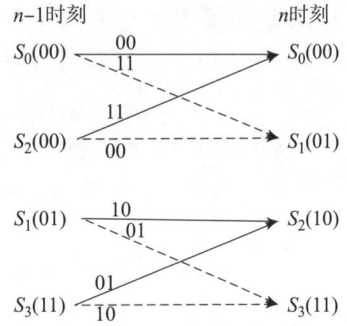

图 11 - 5 （2，1，3）卷积码蝶形图

3. 幸存路径存储单元

常用的幸存信息的存储方法有两种：寄存器交换法（Register - Exchange，RE）和回溯法（Trace - Back，TB）。寄存器交换法采用专用寄存器作为存储主体，存储的是路径上的信息序列，利用数据在寄存器阵列中的不断交换实现信息的译码。其优点是存储单元少、译码延时短、输入/输出端固定，缺点则是内连关系过于复杂，不适于大状态译码器的 FPGA 实现。而回溯法则采用通用的 RAM 作为存储主体，存储的是幸存路径的格状连接关系，通过读写 RAM 来完成数据的写入和回溯输出。其优点是内连关系简单、规则，缺点是译码延时较长。

对于 (n, k, K) 卷积码，截尾译码的基本原理是：每个路径（或信息序列）存储器存储路径的长度是 nL，L 是需要存储的码序列的总长度。若 L 很大，则存储量太大，实际上，经过一段时间后，每个状态幸存路径的前几个分支已经完全重合到一起，只需存储 $\tau \ll L$ 段即可。当译码器开始处理第 $\tau + 1$ 个码段时，开始对第 1 段码元做出判决并输出。这种不等处理完所有 L 段码序列就开始判决输出的译码方法称为 Viterbi 译码的截尾译码。只要 τ 选取得足够大，对译码器的错误概率的影响就很小，复杂性却大大减小。一般选

$$\tau = (5 \sim 10) \cdot (K - 1)$$

回溯法利用了所有状态的幸存路径在路径长度足够长的情况下会收敛于一条路线的性质。理想状态下（没有信道干扰），正确的幸存路径度量应该是 0。在有信道干扰的情况下，正确的幸存路径度量在某个时刻可能会比错误的幸存路径的度量还要大，但不管怎样，所有状态的幸存路径在一定深度后都会收敛为一条路径，如图 11 - 6 所示。

采用回溯算法时，ACS 运算后，SMU 中存储的是幸存路径信息。对于基二算法来说，幸存路径信息指下一状态来源于上支路还是下支路的信息。如果上支路的状态度量值小于下支路的状态度量值，则记录上支路信息 0；如果下支路的状态度量值小于上支路的状态度量值，则记录下支路信息 1。

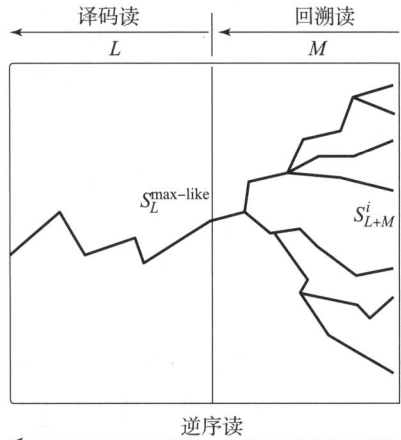

图 11 - 6 回溯法收敛路径

对幸存路径的回溯，需要三个操作：①写 RAM（Bit - Write，WR），把加 - 比 - 选单元产生的每个状态的幸存信息写入幸存信息 RAM，更新每个状态的幸存信息。②回溯读（Traceback Read，TB），每一时刻根据当前状态的幸存信息推出其前一状态，作为下一时刻

的当前状态,只回溯不译码。③译码读(Decode Read,DC),回溯开始阶段的路径并不是最大似然路径,当回溯步数达到译码深度后,所有的幸存路径合并为一条路径,此时,找到了最大似然路径,开始译码操作,译码完成后,向原来的空间写入新的数据。

图 11-7 是一个典型的流水线结构,用 4 块 RAM 实现回溯算法幸存路径管理的 3 个操作,每块 RAM 的存储深度为 τ(回溯深度)、存储宽度为 S(状态总数)。每一时刻写入数据、回溯读、译码读在不同的 RAM 中同时进行,4 块 RAM 不断轮换。

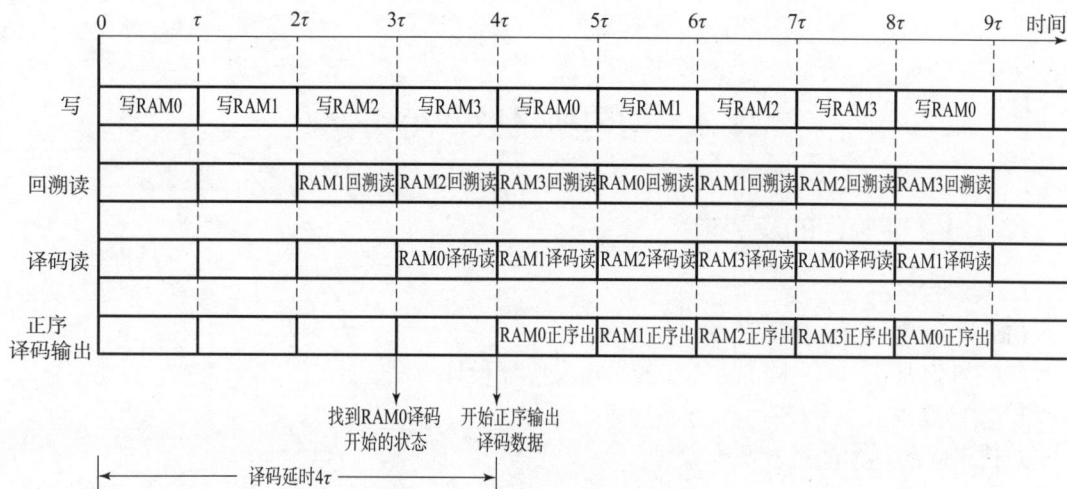

图 11-7 回溯算法流水线结构

从第 0 时刻开始,加-比-选单元向 RAM0 写入新数据,每一时刻,加-比-选单元为所有模块更新幸存信息,写入存储单元相应地址,从低地址向高地址依次写入。到 τ 时刻,RAM0 写满。从 $\tau+1$ 时刻到 2τ 时刻,RAM1 写满。同样,在 $2\tau+1$ 时刻开始向 RAM2 写入新数据。此时 RAM0 和 RAM1 已经存满了用于回溯读和译码读的足够信息,因此,从 $2\tau+1$ 时刻同时对 RAM1 进行回溯读操作。在 3τ 时刻,RAM1 的回溯读完成,即找到了 RAM0 译码读的开始状态,所以,从 $3\tau+1$ 时刻开始,对 RAM0 译码读,同时,对 RAM2 回溯读,并向 RAM3 写入新的幸存路径信息。依此类推。由于译码读是倒序输出,因此还需要进行反向操作,在 4τ 时刻开始正序输出译码数据,即译码延迟为 4τ。

11.2.3 实验数据处理

给出编码前后、译码前后信号的硬件仿真结果。

第 12 章

高斯白噪声发生器实验

12.1 均匀随机数产生实验

12.1.1 实验目的及要求

1. 实验目的

（1）了解均匀分布随机数的产生方法。

（2）掌握基于 Box – Muller 算法的噪声发生器设计方法。

2. 实验要求

对比不同的均匀随机数产生方法。

12.1.2 实验原理

1. 物理方法

将二极管反相击穿，然后对其生成的连续噪声进行采样，得到数字随机序列，这类物理随机数发生器的随机性及均匀性都比较好，而且可以产生任意多个随机数。主要缺点是随机数不能重复，如果对计算结果有怀疑，就不能采用原来的随机数复算，同时加大了电路的设计难度，对系统的调试和稳定性都不好。

2. 利用专门的随机数表

将一些性能较好的随机数表存入系统中，采用查表的方式来获得随机数。对于复杂的仿真系统，需要大量的随机数，要占用大量的存储单元，特别是用硬件实现时，其代价非常高昂，一般不采用这种方式。

3. 数学方法

利用递推公式经运算产生随机序列，这种方法的优点是经过适当的算法选择和优化，可以在占用较少硬件资源的情况下获得相对性能较好的随机序列。本设计采用这种方法。下面主要介绍常用的线性同余法、线性递推法和线性反馈移位寄存器法。

线性同余法也被称为混合同余法，递推公式如下：

$$x_i = (C \cdot x_{i-1} + D) \bmod M$$

$$u_i = x_i / M$$

式中，C、D 均为正整数，初始值 x_0 为种子。当 $D=0$ 时，为乘同余法；当 $C=1$ 时，为加同余法；当 $C \neq 1$ 且 $D \neq 0$ 时，为混合同余法。实现结构如图 12 – 1 所示。一旦初始种子和相应参数选定后，整个随机序列便被确定了，因此，严格意义上讲并不满足随机数相互独立的要求。但通过适当的参数选择，它们能够近似相互独立并符合均匀分布，能经受数理统计的独立性和均匀性检验。由于以上原因，所产生的随机数并不是真正的随机数，通常称其为伪随机数。

Wichmann – Hill 算法通过将 3 个周期相近的随机数发生器产生的数据序列进行相加，进而得到更大周期的数据序列。

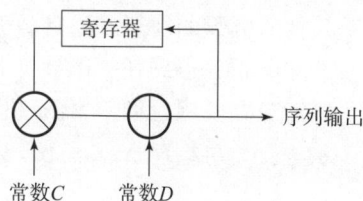

图 12 – 1　线性同余法实现结构

$$x_{i+1} = (171x_i) \bmod (30\ 269)$$

$$y_{i+1} = (170y_i) \bmod (30\ 307)$$

$$z_{i+1} = (172z_i) \bmod (30\ 323)$$

$$u_i = \left(\frac{x_i}{30\ 269} + \frac{y_i}{30\ 307} + \frac{z_i}{30\ 323} \right) \bmod (1)$$

式中，序列 x_i、y_i、z_i 的周期分别是 30 269、30 307、30 323；u_i 是 [0, 1] 上均匀分布的随机序列，周期约为 7.0×10^{12}。

线性递推法采用一个简单的加法器就可以产生随机序列，其递推公式如下：

$$x_{i+1} = (x_{i-1} + x_i) \bmod M$$

$$u_i = x_{i+1}/M$$

式中，初始值 x_0、x_1 为种子。实现结构如图 12 – 2 所示。

m 序列是由多级移位寄存器或其延迟元件通过线性反馈产生的最长的码序列。由于其实现简单，用多级移位寄存器产生的随机数周期较大，因此，本实验均匀分布随机数采用这种方法实现，反馈系数 $C_i = (45)_8$。

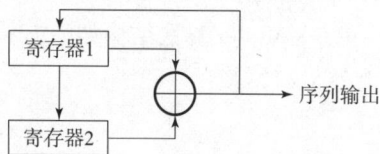

图 12 – 2　线性递推法实现结构

12.2　高斯白噪声产生实验

12.2.1　实验目的及要求

1. 实验目的

（1）了解高斯白噪声的产生方法。

（2）掌握基于 Box – Muller 算法的噪声发生器设计方法。

2. 实验要求

设计基于 FPGA 的噪声源，噪声输出功率可调。

12.2.2　实验原理

高斯白噪声（Gaussian White Noise）是指概率密度函数为高斯分布（正态分布），并且功率谱密度是常数的噪声。传统的高斯白噪声发生器是在微处理器和 DSP 软件系统上实现的，用 FPGA 硬件平台设计可以实现全数字处理，实时性好，速度快。

在信道模拟器中，所有随机变量的产生都来源于均匀分布随机数，它的随机特性直接决定了其他随机数的性能。通常，先产生一个介于 0 和 M 之间的整数序列，然后将序列中每个元素除以 M，得到在（0，1）区间均匀分布的随机变量。

根据中心极限定理：设随机变量 $X_1, X_2, \cdots, X_n$ 相互独立，服从同一分布，数学期望 $E(X_k) = \mu$，方差 $D(X_k) = \sigma^2 > 0 (k = 1, 2, \cdots, n)$，当 n 充分大时，有

$$\frac{\frac{1}{n}\sum_{k=1}^{n}X_k - \mu}{\sigma / \sqrt{n}} = \frac{\bar{X} - \mu}{\sigma / \sqrt{n}} \sim N(0,1)$$

中心极限定理表明，在相当一般的条件下，当独立随机变量的个数不断增加时，其和的分布趋于正态分布。实现结构如图 12 - 3 所示。

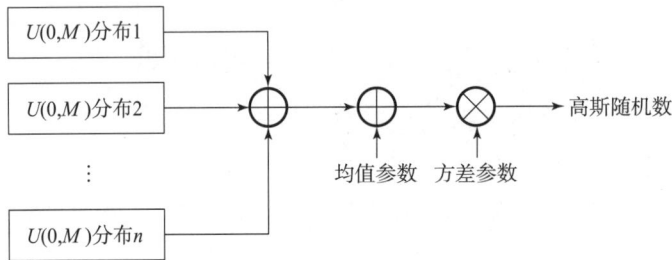

图 12 - 3　利用中心极限定理产生高斯白噪声

Box – Muller 算法结构如图 12 - 4 所示，设 u_1、u_2 为两个相互独立的在（0，1）上均匀分布的随机数，并且

$$x_1 = \sqrt{-2\sigma^2 \ln u_1} \sin 2\pi u_2$$
$$x_2 = \sqrt{-2\sigma^2 \ln u_1} \cos 2\pi u_2$$

那么，准高斯序列 x_1、x_2 服从 $N(0, \sigma^2)$ 分布。当 $\sigma^2 = 1$ 时，为标准正态分布。令

$$x = \frac{x_1 + x_2}{\sqrt{2}} = f(u_1) \cdot [g_1(u_2) + g_2(u_2)]$$

则 x 为标准正态分布，其中

$$f(u_1) = \sqrt{\ln u_1}$$
$$g_1(u_2) = \sin 2\pi u_2$$
$$g_2(u_2) = \cos 2\pi u_2$$

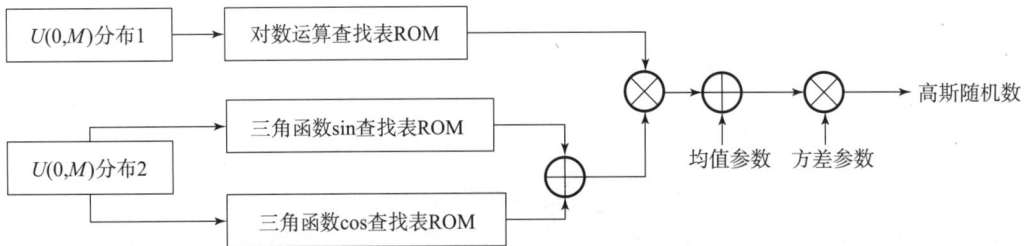

图 12 - 4　Box – Muller 算法产生高斯白噪声

高斯白噪声的双边功率谱密度为常数 $N_0/2$，即

$$S(f) = N_0/2 \qquad -\infty < f < +\infty$$

进行傅里叶反变换，得到自相关函数

$$R(\tau) = N_0/2 \times \delta(\tau) \qquad -\infty < \tau < +\infty$$

图 12-5 是白噪声的自相关函数。由自相关函数 $R(\tau)$ 可见，高斯白噪声在任意两个不同时刻的采样信号是统计独立的，但是，从 m 序列的产生过程可见，线性反馈移位寄存器每次只移出一个最高位，并反馈一个值给最低位。所以，相邻的几个状态之间不是完全独立的。这必然影响高斯白噪声任意两个不同时刻采样信号之间的独立性，要进行降低相关性操作。

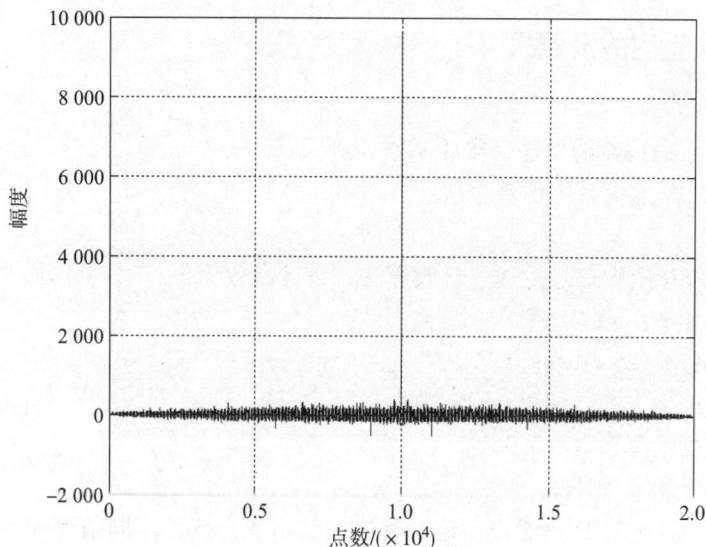

图 12-5　白噪声的自相关函数

12.2.3　实验数据处理

设计基于 FPGA 的噪声源，将在线调试数据导出到 Matlab，绘出概率密度函数曲线。

第13章

通信系统综合设计与性能测试实验

13.1 数字通信系统收发仿真实验

13.1.1 实验目的及要求

1. 实验目的

（1）巩固数字通信系统发送、接收基本原理。

（2）掌握 BPSK 通信系统仿真方法。

2. 实验要求

（1）仿真 BPSK 中频信号发送、接收算法，设计参数为：

➢ 时钟工作频率：50 MHz；

➢ 信息速率：3.125 Mb/s；

➢ 信息数据产生方式：随机 64 bit 数据；

➢ 成形滤波器滚降系数：0.35；

➢ 中频频率：10.7 MHz。

（2）信道改为加性高斯白噪声信道，其他参数不变，统计不同信噪比下的误码率结果，与理论结果进行对比验证。

13.1.2 实验原理及步骤

1. 实验原理

由于无线通信信道具有带通特性而不能直接传送基带信号，而数字基带信号含有丰富的低频分量，为了使数字信号在带通信道中传输，必须用数字基带信号对载波进行调制，以使信号与信道的特性相匹配。这种用数字基带信号控制载波，把数字基带信号变换为数字带通信号的过程称为数字调制。在接收端通过解调器把带通信号还原成数字基带信号的过程称为数字解调。典型的数字通信系统组成如图 13 - 1 所示，主要由发送分系统与接收分系统组成。其中，发送分系统主要包括原始信息、调制映射、脉冲成形、数字上变频；接收分系统主要包括数字下变频、匹配滤波、解调判决、恢复信息。发送分系统与接收分系统之间为传输信道。为提高系统的抗干扰能力，发送端可采用扩频、接收端进行相应解扩。此外，可采用信道编译码方式提高系统的通信可靠性。

（1）原始信息模块：用于产生系统所要传输的原始数据，通常量化为二进制数据。

（2）调制映射：将二进制数据以规定的调制体制映射为相应的星座图。

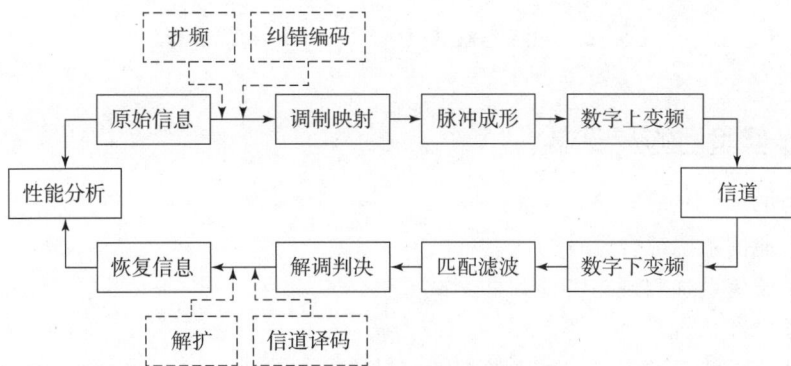

图 13 – 1　数字通信系统组成

（3）脉冲成形：将映射后的信号通过滤波器输出为适合信道传输的基带波形。脉冲成形滤波器通常采用根升余弦滤波器。

（4）数字上变频：将信号从基带搬移到频带，以便于信道传输。时域波形如图 13 – 2 所示。

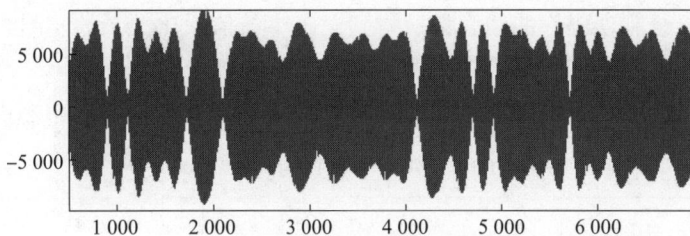

图 13 – 2　数字中频信号波形

（5）信道：根据通信系统传输信号的信道特征进行建模，通常为加性高斯白噪声信道、衰落信道等。

（6）数字下变频：将数字中频信号变到零频基带，便于接收处理。

（7）匹配滤波：滤除带外噪声并使信号最佳匹配。对应脉冲成形操作。

（8）解调判决：找到一个符号中的最佳采样点输出，得到每个符号的硬判决结果输出。

（9）恢复信息：根据调制体制恢复二进制数据信息。

（10）性能分析：将恢复信息与原始信息进行比对，并统计错误比特数，从而衡量系统误码率等接收性能。

2. 实验步骤

（1）在 Matlab 中编写 BPSK 收发仿真程序，可参考附录 G。

（2）信道采用加性高斯白噪声信道，再次仿真。

13.1.3　实验数据处理

（1）给出实验要求对应的 Matlab 仿真。

（2）完成实验要求（2），在一张仿真图上同时给出 BPSK 仿真误码率与信噪比曲线、理论误码率曲线，进行对比。

13.2 BPSK中频信号接收实验

13.2.1 实验目的及要求

1. 实验目的
（1）掌握通信系统综合设计方法。
（2）掌握通信系统实现与性能评估测试方法。

2. 实验要求
（1）设计完成基于 DSSS – BPSK 的中频信号收发实验，对扩频增益进行实现验证。
（2）设计完成基于卷积码的中频信号收发实验，对编码增益进行实现验证。
（3）设计完成整机性能测试实验。

13.2.2 实验原理

基于 DSSS – BPSK 的中频信号收发实验组成如图 13 – 3 所示。在第 9 章、第 10 章、第 12 章实验的基础上，通过高斯白噪声发生器设置一定信噪比，然后将 BPSK 解调的在线调试结果导出到 Matlab 绘制误码率曲线，最后得到误码率与信噪比关系的实测结果。

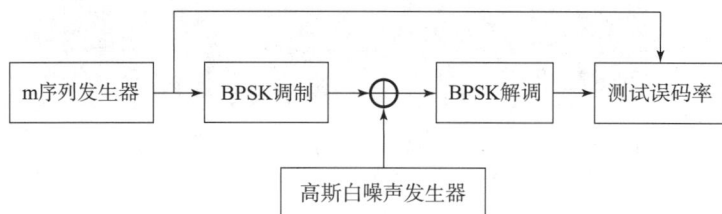

图 13 – 3 扩频增益性能测试实验

基于卷积码的中频信号收发实验组成如图 13 – 4 所示。本实验在第 9 章、第 11 章、第 12 章实验的基础上完成误码率实测。

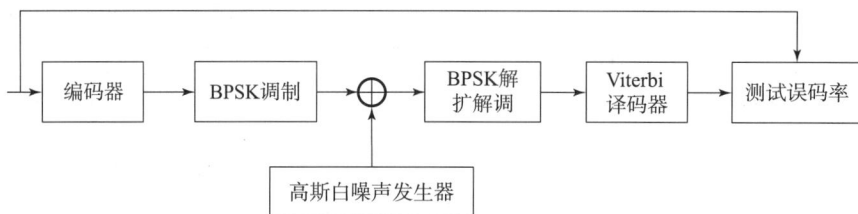

图 13 – 4 编码增益性能测试实验

在第 9 ~ 12 章实验基础上，进行整机性能测试，如图 13 – 5 所示。

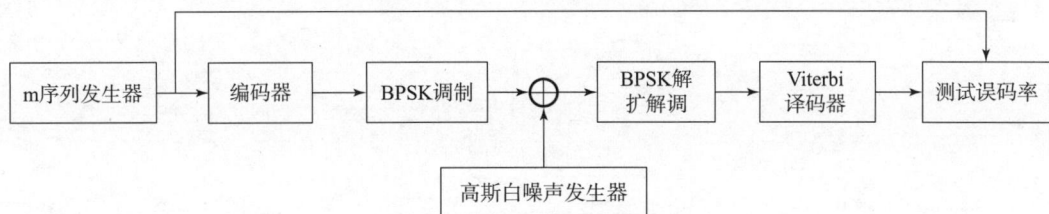

图 13 - 5　整机性能测试实验

13. 2. 3　实验数据处理

（1）给出基于 DSSS - BPSK 的中频信号收发实验的误码率实测结果，并与仿真结果进行对比分析。

（2）给出基于卷积码的中频信号收发实验的误码率实测结果，并与仿真结果进行对比分析。

（3）给出整机性能测试实验的误码率实测结果，对 FPGA 硬件资源消耗情况进行总体评估，并思考优化方法。

第四部分　开放探索型实验

第 14 章

开放探索实验

14.1 边缘检测实验

边缘检测的目的是发现图像中关于形状和反射或透射比的信息，广泛应用于目标识别、机器视觉和运动目标跟踪等领域。在实时图像处理中，由于系统对实时性要求较高，单纯依靠软件来实现图像处理已无法满足实际工程的需求，本实验采用 FPGA 硬件设备结合 OpenCV 视觉库来提高图像处理的实时性。

实时图像边缘检测系统主要由图像数据采集模块、数据灰度化模块、边缘检测模块和 HDMI 显示模块组成。图像采集模块实现初始化摄像头并接收图像数据的功能；数据灰度化模块把采集到的图像转换为灰度图像，以检测图像中灰度变化剧烈的像素点；边缘检测模块实现像素梯度值的计算来确定图像边沿；HDMI 模块用于显示处理后边缘图像。

目前边缘检测算子主要有 Roberts、Prewitt、Sobel、Canny 等。对原始图像分别进行不同算子的边缘检测，结果如图 14 - 1 所示。加入噪声后的图像边缘检测结果如图 14 - 2 所示。

（a）

图 14 - 1　原始图像边缘检测结果

（a）原始图像

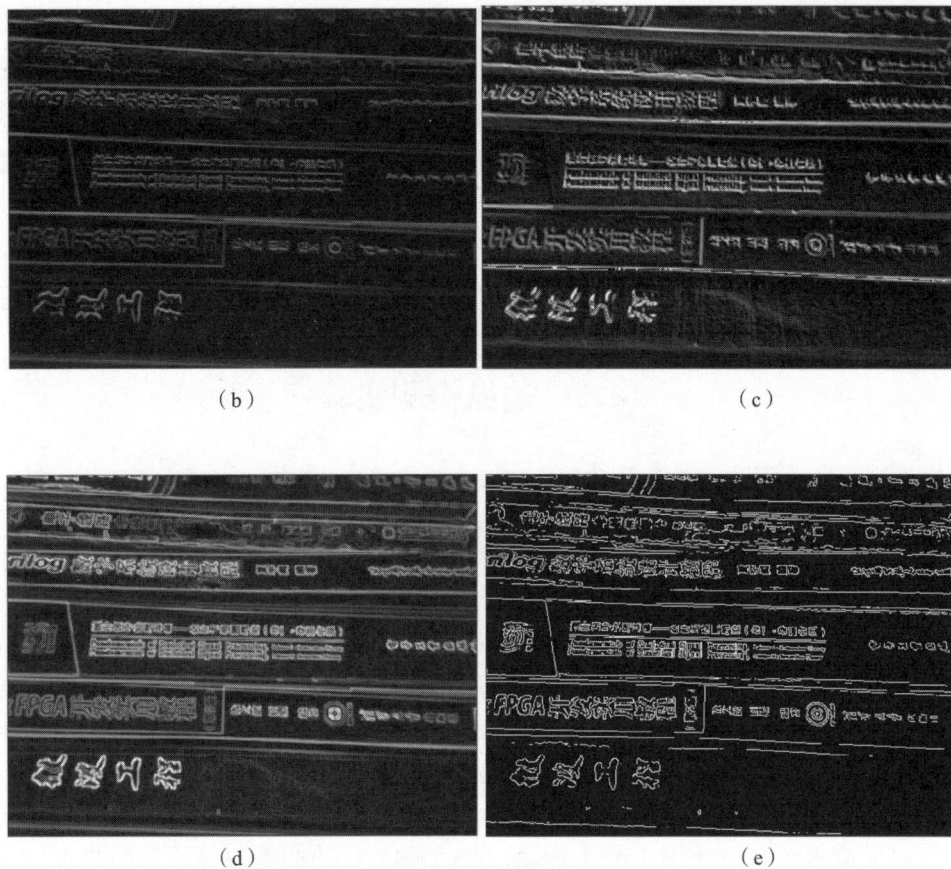

图 14 −1　原始图像边缘检测结果（续）

（b）Roberts 算子；（c）Prewitt 算子；（d）Sobel 算子；（e）Canny 算子

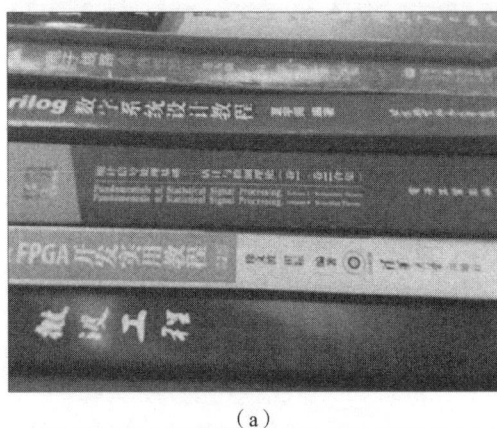

（a）

图 14 −2　加噪图像边缘检测结果

（a）原始图像

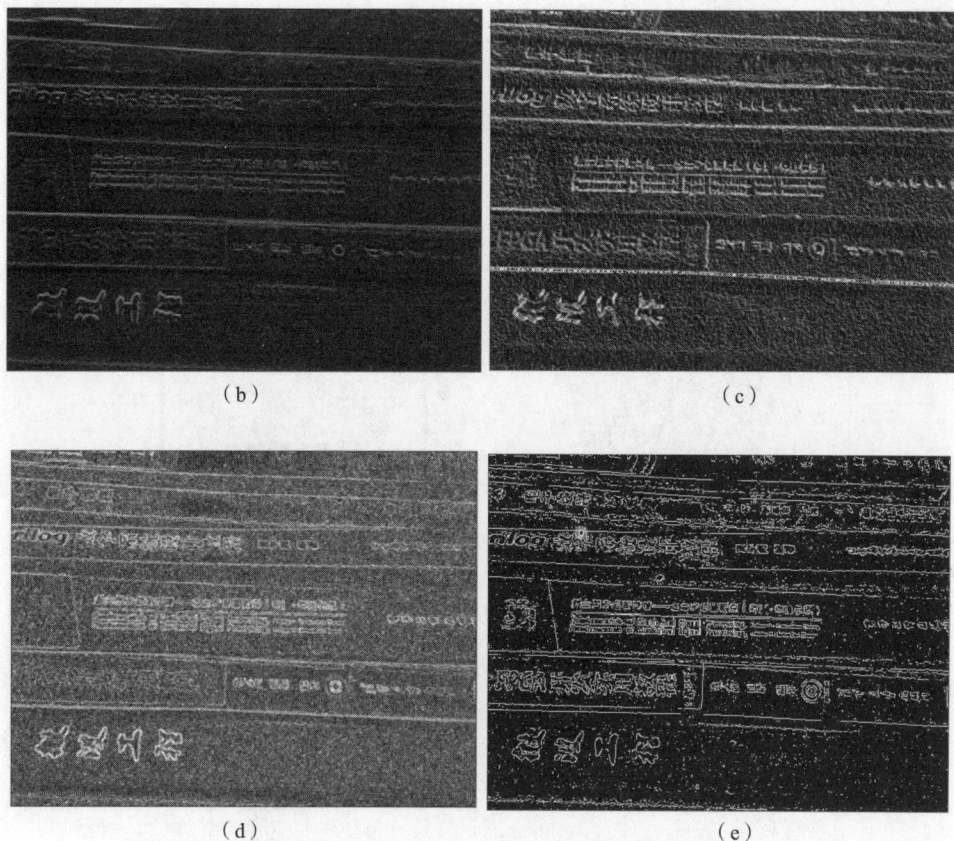

图 14 – 2　加噪图像边缘检测结果（续）
（b）Roberts 算子；（c）Prewitt 算子；（d）Sobel 算子；（e）Canny 算子

14.2　人脸检测实验

人脸检测技术是指根据原始的输入图像，确定图像中人脸位置、大小和数量的过程。其广泛应用于安防系统、监控系统、图像检索等方面。人脸检测是人脸识别之前的重要步骤，准确、快速的人脸检测是人脸识别的基础和关键，其检测速度和准确度直接影响识别系统的整体性能。

近年来，深度学习快速发展，迅速席卷计算机视觉领域，并颠覆了传统的人脸识别、图片分类和目标检测等技术。深度学习的主要方法之一是深度卷积神经网络，通过分层体系结构对大量可用性数据进行训练，以提取具有极强视觉表达能力和区分度的局部及整体特征。人脸检测技术也得益于深度学习算法的持续发展而取得了快速进步。

本实验人脸检测程序调用 OpenCV 视觉库首先检测图像中有没有人脸，然后框出人脸和眼睛。系统组成包括动态视频图像采集、图像分割、图像的预处理（包括灰度化、高斯滤波）、特征提取、分类识别、人脸的定位等。检测结果包含单目标人脸图像检测、多目标人脸图像检测、视频人脸检测。

单目标人脸图像检测结果如图 14 – 3 所示。选择一张只有一个人脸目标的人脸图像进行实验，检测结果表明，本实验能够对单目标人脸图像具有良好的检测效果，能够准确无误地检测到人脸目标。

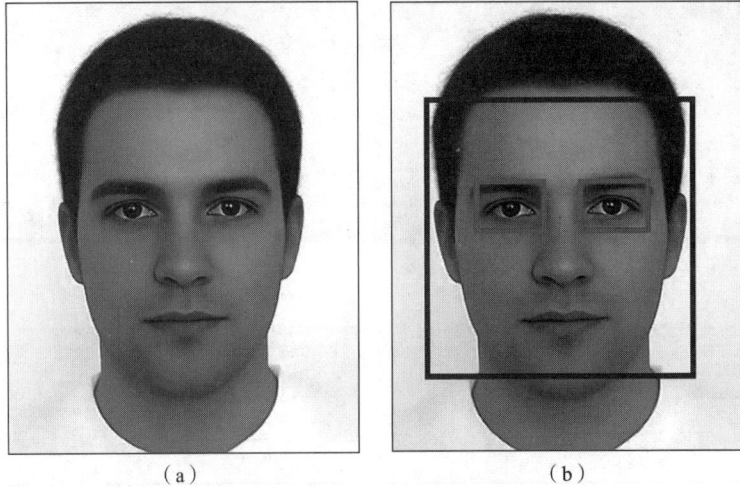

（a）　　　　　　　　　　（b）

图 14 – 3　单目标人脸图像检测结果

（a）原始图像；（b）人脸检测结果

多目标人脸图像检测结果如图 14 – 4 所示。选择一张具有两个以上目标的人脸图像进行实验，检测结果表明，本实验能够准确检测多目标人脸图像。

（a）　　　　　　　　　　（b）

图 14 – 4　多目标人脸图像检测结果

（a）原始图像；（b）人脸检测结果

如果具备实验条件，可对视频人脸进行检测：打开摄像头获取视频信息，并通过面部转动、面部部分遮挡等方式提高检测难度。

附录 A　课后练习答案

1. 略。

2. 答：FPGA 芯片内部的资源主要有：（1）可编程输入输出单元（IOB），是芯片与外界电路的接口。（2）可配置逻辑块（CLB），是 FPGA 的基本逻辑单元，由多个相同的 Slice 和附加逻辑构成。（3）时钟管理模块（DCM），用于时钟综合、消除时钟偏斜和进行时钟相位调整。（4）嵌入式块 RAM，是 FPGA 中的存储单元。（5）其他资源，包括乘法器资源等。

3. 答：$8'b10001110$。

4. 答：$8'b00101001$。

5. 答：$8'b11111111$；$8'hFF$。

6. 答：是。

7. 略。

8. 答：c 的二进制、十进制、十六进制表示方式分别是 $4'b0010$、$4'd2$、$4'h2$；d 的二进制、十进制、十六进制表示方式分别是 $4'b1111$、$4'd15$、$4'hF$；e 的二进制、十进制、十六进制表示方式分别是 $4'b0011$、$4'd3$、$4'h3$；f 的二进制、十进制、十六进制表示方式分别是 $4'b0100$、$4'd4$、$4'h4$；g 的二进制、十进制、十六进制表示方式分别是 $4'b0111$、$4'd7$、$4'h7$。

9. 答：clk、counter、sigout 信号的时序图如下：

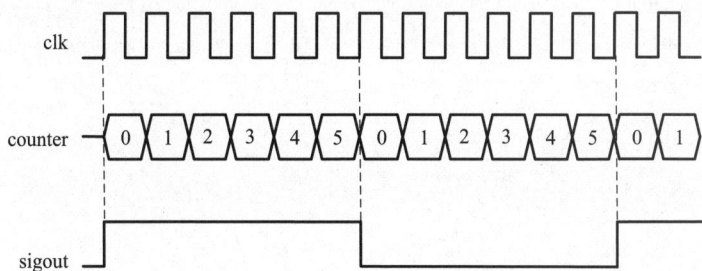

clk

counter　0 1 2 3 4 5 0 1 2 3 4 5 0 1

sigout

10. 答：clk、counter、sigout 信号的时序图如下：

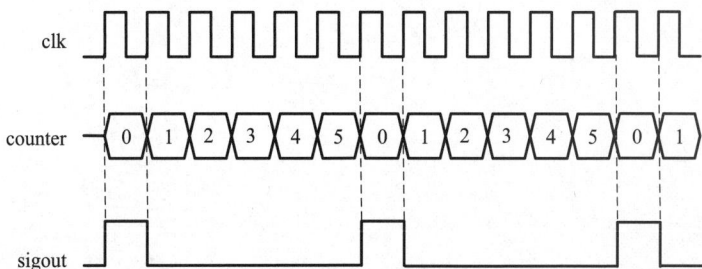

clk

counter　0 1 2 3 4 5 0 1 2 3 4 5 0 1

sigout

11. 答：clk、counter、sigout 信号的时序图如下：

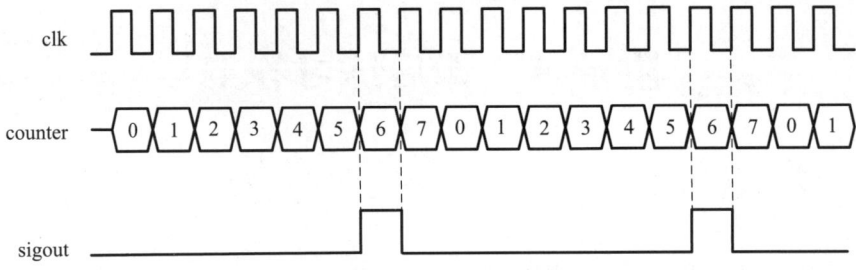

附录 B 摩尔斯码 LED 显示实验参考代码

```
module top(
    clk,SOS_LED1);
input clk;
output SOS_LED1;
//摩尔斯电码 SOS 对应... ---...
//"长划"持续 1.5 秒,"短点"持续 0.5 秒,中间间隔 0.5 秒


reg[24:0]counter_0p5s =25'd0;//计数 0 ~249_999_999
reg ND_0p5s =1'b0;
reg[5:0]counter_ND =6'd0;//对 ND 信号计数 0 ~47
always @ (posedge clk)begin
    if(counter_0p5s ==25'd24_999_999)begin
        counter_0p5s <=25'd0;
        ND_0p5s <=1'b1;
        if(counter_ND ==6'd47)begin
            counter_ND <=6'd0;
        end
        else begin
            counter_ND <=counter_ND +6'd1;
        end
    end
    else begin
        counter_0p5s <=counter_0p5s +25'd1;
        ND_0p5s <=1'b0;
        counter_ND <=counter_ND;
    end
end

reg SOS_LED1 =1'b0;//高有效,灯亮
always @ (posedge clk)begin
```

```
    if(ND_0p5s)begin
        case(counter_ND)
        6'd1:SOS_LED1<=1'b1;
        6'd3:SOS_LED1<=1'b1;
        6'd5:SOS_LED1<=1'b1;
        6'd7:SOS_LED1<=1'b1;
        6'd8:SOS_LED1<=1'b1;
        6'd9:SOS_LED1<=1'b1;
        6'd11:SOS_LED1<=1'b1;
        6'd12:SOS_LED1<=1'b1;
        6'd13:SOS_LED1<=1'b1;
        6'd15:SOS_LED1<=1'b1;
        6'd16:SOS_LED1<=1'b1;
        6'd17:SOS_LED1<=1'b1;
        6'd19:SOS_LED1<=1'b1;
        6'd21:SOS_LED1<=1'b1;
        6'd23:SOS_LED1<=1'b1;
        default:SOS_LED1<=1'b0;
        endcase
    end
    else begin
        SOS_LED1<=SOS_LED1;
    end
end

endmodule
```

附录 C　数码管电子秒表实验参考代码

```
module top(
    clk,Sig_Seg,CS);
input clk;
output[7:0]Sig_Seg;
output[5:0]CS;

reg[18:0]ctr_10ms=19'd0;        /*10ms 计数器,计数范围:0~499999,每个时
钟增加 1 */
reg En_10ms=1'b0;               /*10ms 使能,每 10ms 变高一次,持续 1 个时钟
周期 */
reg[6:0]ctr_1s=7'd0;            //1s 计数器,计数范围:0~9,每 1ms 增加 1
reg En_1s=1'b0;                 //1s 使能,每 1s 变高一次,持续 1 个时钟周期
reg[5:0]ctr_1min=6'd0;          //1min 计数器,计数范围:0~59,每 1s 增加 1
reg En_1min=1'b0;               /*1min 使能,每 1min 变高一次,持续 1 个时钟
周期 */
always @(posedge clk)begin

    //10ms 计数器与使能
    if(ctr_10ms==19'd499_999)begin
        ctr_10ms<=19'd0;
        En_10ms<=1'b1;
    end
    else begin
        ctr_10ms<=ctr_10ms+19'd1;
        En_10ms<=1'b0;
    end

    //1s 计数器与使能
    if(En_10ms)begin
        if(ctr_1s==7'd99)begin
```

```
                    ctr_1s <= 7'd0;
                    En_1s <= 1'b1;
                end
                else begin
                    ctr_1s <= ctr_1s + 7'd1;
                    En_1s <= 1'b0;
                end
        end
        else begin
            ctr_1s <= ctr_1s;
            En_1s <= 1'b0;
        end

        //1min 计数器与使能
        if(En_1s)begin
            if(ctr_1min == 6'd59)begin
                    ctr_1min <= 6'd0;
                    En_1min <= 1'b1;
                end
                else begin
                    ctr_1min <= ctr_1min + 6'd1;
                    En_1min <= 1'b0;
                end
        end
        else begin
            ctr_1min <= ctr_1min;
            En_1min <= 1'b0;
        end

end

reg[21:0]Stopwatch_Num = 22'd0;
//Stopwatch_Num[3:0]为第 6 个数码管的显示数值,范围:0 ~ 9
//Stopwatch_Num[7:4]为第 5 个数码管的显示数值,范围:0 ~ 9
always @ (posedge clk)begin
    if(En_10ms)begin
        if(Stopwatch_Num[3:0] == 4'd9)begin
            Stopwatch_Num[3:0] <= 4'd0;
```

```verilog
        if(Stopwatch_Num[7:4]==4'd9)begin
                Stopwatch_Num[7:4]<=4'd0;
        end
        else begin
                Stopwatch_Num[7:4]<=Stopwatch_Num[7:4]+4'd1;
        end
    end
    else begin
            Stopwatch_Num[3:0]<=Stopwatch_Num[3:0]+4'd1;
            Stopwatch_Num[7:4]<=Stopwatch_Num[7:4];
    end
end
else begin
        Stopwatch_Num[3:0]<=Stopwatch_Num[3:0];
        Stopwatch_Num[7:4]<=Stopwatch_Num[7:4];
    end
end


//Stopwatch_Num[11:8]为第4个数码管的显示数值,范围:0~9
//Stopwatch_Num[14:12]为第3个数码管的显示数值,范围:0~5
always @ (posedge clk)begin
    if(En_1s)begin
        if(Stopwatch_Num[11:8]==4'd9)begin
            Stopwatch_Num[11:8]<=4'd0;
            if(Stopwatch_Num[14:12]==3'd5)begin
                    Stopwatch_Num[14:12]<=3'd0;
            end
            else begin
                    Stopwatch_Num[14:12]<=Stopwatch_Num[14:12]+3'd1;
            end
        end
        else begin
            Stopwatch_Num[11:8]<=Stopwatch_Num[11:8]+4'd1;
            Stopwatch_Num[14:12]<=Stopwatch_Num[14:12];
        end
    end
    else begin
```

```
            Stopwatch_Num[11:8] <= Stopwatch_Num[11:8];
            Stopwatch_Num[14:12] <= Stopwatch_Num[14:12];
        end
    end


//Stopwatch_Num[18:15]为第2个数码管的显示数值,范围:0~9
//Stopwatch_Num[21:19]为第1个数码管的显示数值,范围:0~5
always @ (posedge clk)begin
    if(En_1min)begin
        if(Stopwatch_Num[18:15] ==4'd9)begin
            Stopwatch_Num[18:15] <=4'd0;
            if(Stopwatch_Num[21:19] ==3'd5)begin
                Stopwatch_Num[21:19] <=3'd0;
            end
            else begin
                Stopwatch_Num[21:19] <= Stopwatch_Num[21:19] +3'd1;
            end
        end
        else begin
            Stopwatch_Num[18:15] <= Stopwatch_Num[18:15] +4'd1;
            Stopwatch_Num[21:19] <= Stopwatch_Num[21:19];
        end
    end
    else begin
        Stopwatch_Num[18:15] <= Stopwatch_Num[18:15];
        Stopwatch_Num[21:19] <= Stopwatch_Num[21:19];
    end
end

wire[3:0]Gewei;           //第6个数码管的显示数值,范围:0~9
assign Gewei = Stopwatch_Num[3:0];

wire[3:0]Shiwei;      //第5个数码管的显示数值,范围:0~9
assign Shiwei = Stopwatch_Num[7:4];

wire[3:0]Baiwei;      //第4个数码管的显示数值,范围:0~9
assign Baiwei = Stopwatch_Num[11:8];
```

```
wire[2:0]Qianwei;      //第 3 个数码管的显示数值,范围:0～5
assign Qianwei = Stopwatch_Num[14:12];

wire[3:0]Wanwei;       //第 2 个数码管的显示数值,范围:0～9
assign Wanwei = Stopwatch_Num[18:15];

wire[2:0]Shiwanwei;    //第 1 个数码管的显示数值,范围:0～5
assign Shiwanwei = Stopwatch_Num[21:19];

//扫描
reg[16:0]ctr_1ms = 16'd0;   //1ms 计数器,计数范围:59999,每个时钟增加 1
reg En_1ms = 1'b0;
reg[2:0]ctr_6ms = 3'd0;
reg[3:0]Sig_Num = 4'd0;
reg[7:0]Sig_Seg = 8'b1111_1111;   //8 段数码管
reg[5:0]CS = 6'b100_000;   //片选
always @ (posedge clk)begin

    //1ms 计数器与使能
    if(ctr_1ms ==16'd59_999)begin
        ctr_1ms <=16'd0;
        En_1ms <=1'b1;
    end
    else begin
        ctr_1ms <= ctr_1ms +16'd1;
        En_1ms <=1'b0;
    end

    if(En_1ms)begin
        if(ctr_6ms ==3'd5)begin
            ctr_6ms <=3'd0;
        end
        else begin
            ctr_6ms <= ctr_6ms +3'd1;
        end
    end
    else begin
        ctr_6ms <= ctr_6ms;
```

```verilog
                end

        case(ctr_6ms)/* 以 1ms 的频率扫描输出行数据给 6 个数码管,所以完成 6 个
数码管的依次输出,显示的总时间为 6ms */
        3'd0:begin
                Sig_Num <={1'b0,Shiwanwei};//第 1 个数码管显示
                CS <=6'b011_111;//选通第 1 个数码管
                end
        3'd1:begin
                Sig_Num <=Wanwei;     //第 2 个数码管显示
                CS <=6'b101_111;      //选通第 2 个数码管
              end
        3'd2:begin
                Sig_Num <={1'b0,Qianwei};
                CS <=6'b110_111;
              end
        3'd3:begin
                Sig_Num <=Baiwei;
                CS <=6'b111_011;
              end
        3'd4:begin
                Sig_Num <=Shiwei;
                CS <=6'b111_101;
              end
        3'd5:begin
                Sig_Num <=Gewei;
                CS <=6'b111_110;
              end
    default:;
    endcase

    //显示数字与 8 段 LED 的对应关系
    case(Sig_Num)
    4'd0:Sig_Seg <=8'b1100_0000;
    4'd1:Sig_Seg <=8'b1111_1001;
    4'd2:Sig_Seg <=8'b1010_0100;
    4'd3:Sig_Seg <=8'b1011_0000;
    4'd4:Sig_Seg <=8'b1001_1001;
```

```
        4'd5:Sig_Seg <=8'b1001_0010;
        4'd6:Sig_Seg <=8'b1000_0010;
        4'd7:Sig_Seg <=8'b1111_1000;
        4'd8:Sig_Seg <=8'b1000_0000;
        4'd9:Sig_Seg <=8'b1001_0000;
        default:;
        endcase

end

endmodule
```

附录 D　按键消抖基础实验参考代码

```verilog
module top(
    clk,KEYs_in,LEDs_out);//端口列表

//输入/输出端口声明
input clk;
input[3:0]KEYs_in;
output[3:0]LEDs_out;

//按键检测,若按键被按下,则相应电平为低
//为消除按键毛刺,每隔20ms检测一次
reg[19:0]counter_20ms =20'd0;
reg[3:0]KEYs_scan =4'b1111;//低有效
always @ (posedge clk)begin
    if(counter_20ms ==20'd999999)begin
        KEYs_scan <=KEYs_in;
        counter_20ms <=20'd0;
    end
    else begin
        KEYs_scan <=KEYs_scan;
        counter_20ms <=counter_20ms +20'd1;
    end
end
//若检测到下降沿,则标志着按键被按下
reg[3:0]KEYs_scan_delay1 =4'b1111;
reg[3:0]Flag_KEYs =4'b0000;//按键有效标志,高电平有效
always @ (posedge clk)begin
    KEYs_scan_delay1 <=KEYs_scan;
    Flag_KEYs <=KEYs_scan_delay1 &( ~KEYs_scan);
end
```

```verilog
/*检测到按键 Key1～Key4 被按下,则 4 种波形有无情况与 LED1～Ley4 亮灭情况同
时反转*/
reg[3:0]LEDs_out = 4'b0000;//高有效
always @ (posedge clk)begin

    if(Flag_KEYs[0])begin
        LEDs_out[0] <= ~LEDs_out[0];//若 Key1 被按下,则 LED0 反转
    end

    if(Flag_KEYs[1])begin
        LEDs_out[1] <= ~LEDs_out[1];//若 Key2 被按下,则 LED1 反转
    end

    if(Flag_KEYs[2])begin
        LEDs_out[2] <= ~LEDs_out[2];//若 Key3 被按下,则 LED2 反转
    end

    if(Flag_KEYs[3])begin
        LEDs_out[3] <= ~LEDs_out[3];//若 Key4 被按下,则 LED3 反转
    end

end

endmodule
```

附录 E 直接数字频率合成器实验参考代码

一、基于查表法的直接数字频率合成器

```verilog
module top(
    clk,DAclk,DAdata);
input clk;
output DAclk;
output[7:0]DAdata;


parameter[9:0]Freq_Ctl=10'd45;//频率控制字

//累加器
reg[9:0]Accum=10'd0;//累加器在每个时钟上升沿对频率控制字累加一次
always @ (posedge clk)begin
    Accum<=Accum+Freq_Ctl;
end

wire[7:0]sin_wave;
ROM_sin ROM_sin(
    .clka(clk),//input clka
    .addra(Accum),//input[9:0]addra
    .douta(sin_wave)//output[7:0]douta
);

wire[7:0]DAdata;
assign DAdata=sin_wave+8'd127;

assign DAclk=clk;

endmodule
```

二、基于 IP 核的直接数字频率合成器

1. 基于 IP 核的 DDS 设计方法

```verilog
module top(
    clk,DAclk,DAdata);
input clk;
output DAclk;
output[7:0]DAdata;

wire[7:0]cos_DDSIP;
wire[7:0]sin_DDSIP;
DDSIP DDSIP(
    .clk(clk),//input clk
    .cosine(cos_DDSIP),//output[7:0]cosine
    .sine(sin_DDSIP)//output[7:0]sine
);

wire[35:0]CONTROL0;
icon icon(
    .CONTROL0(CONTROL0)//INOUT BUS[35:0]
);

wire[15:0]DATA;
ila ila(
    .CONTROL(CONTROL0),//INOUT BUS[35:0]
    .CLK(clk),//IN
    .DATA(DATA),//IN BUS[15:0]
    .TRIG0(1'b1)//IN BUS[0:0]
);

assign DATA[7:0]=cos_DDSIP;
assign DATA[15:8]=sin_DDSIP;

//输出到 DAC 扩展板
wire DAclk;
wire[7:0]DAdata;
assign DAclk=clk;
```

```
assign DAdata = cos_DDSIP + 8'd127;

endmodule
```

2. 任意可变频率信号的参数控制设计方法

```
module top(
    clk,DAclk,DAdata);
input clk;
output DAclk;
output[7:0]DAdata;

wire[13:0]VIO_Freq;/* 用户通过 ChipScope 的 VIO 核设置的信号频率,数值范
围为 1000~10000,单位为 kHz,即(9000+1)个数 */
//查表得到 1000~10000kHz 对应的频率控制字
wire[9:0]Freq_Ctl;//频率控制字
ROM_FreqCtrl ROM_FreqCtrl(
    .clka(clk),//input clka
    .addra(VIO_Freq - 14'd1000),//input[13:0]addra
    .douta(Freq_Ctl)//output[9:0]douta
);

//累加器
reg[9:0]Accum = 10'd0;//累加器在每个时钟上升沿对频率控制字累加一次
always @ (posedge clk)begin
    Accum <= Accum + Freq_Ctl;
end

wire[7:0]sin_wave;
ROM_sin ROM_sin(
    .clka(clk),//input clka
    .addra(Accum),//input[9:0]addra
    .douta(sin_wave)//output[7:0]douta
);

//输出到 DAC 扩展板
wire[7:0]DAdata;
assign DAdata = sin_wave + 8'd127;
assign DAclk = clk;
```

```
wire[35:0]CONTROL0;
wire[35:0]CONTROL1;
icon icon(
    .CONTROL0(CONTROL0),//INOUT BUS[35:0]
    .CONTROL1(CONTROL1)//INOUT BUS[35:0]
);

wire[33:0]DATA;
ila ila(
    .CONTROL(CONTROL0),//INOUT BUS[35:0]
    .CLK(clk),//IN
    .DATA(DATA),//IN BUS[33:0]
    .TRIG0(1'b1)//IN BUS[0:0]
);
assign DATA[7:0]=sin_wave;
assign DATA[21:8]=VIO_Freq;//用户指定的信号频率,单位为 kHz
assign DATA[31:22]=Freq_Ctl;//频率控制字

vio vio(
    .CONTROL(CONTROL1),//INOUT BUS[35:0]
    .ASYNC_OUT(VIO_Freq)//OUT BUS[13:0]
);

endmodule
```

其中，频率控制字存储在 ROM 表中，其 .coe 文件由 Matlab 产生：

```
VIO_Freq=1000:10000;
K=VIO_Freq* 2^10/50000;
y=round(K);

fid=fopen('Freq_Ctl.txt','wt');
fprintf(fid,'%d\n',y);
fclose(fid);
```

附录 F　调制信号生成实验参考代码

一、ASK 调制信号

```verilog
module ASK(
    clk,ASKout);
input clk;
output[7:0]ASKout;

reg[8:0]counter_10 μs =9'd0;//计数 0~499,对应 10 μs
reg[2:0]counter_data =3'd0;//计数 0~7,对应 1 0 1 1 0 0 1 0
reg infor_data =1'b0;

//频率 1:2.2MHz 载波
reg[9:0]phase_1 =10'd0;
always @ (posedge clk)begin

    if(counter_10 μs ==9'd499)begin
        counter_10 μs <=9'd0;
        counter_data <=counter_data +3'd1;
        phase_1 <=10'd0;
    end
    else begin
        counter_10 μs <=counter_10 μs +9'd1;
        counter_data <=counter_data;
        phase_1 <=phase_1 +10'd45;//45 为 2.2 MHz 的频率控制字
    end

    case(counter_data)
    3'd0:infor_data <=1'b1;
    3'd1:infor_data <=1'b0;
    3'd2:infor_data <=1'b1;
```

```
    3'd3:infor_data<=1'b1;
    3'd4:infor_data<=1'b0;
    3'd5:infor_data<=1'b0;
    3'd6:infor_data<=1'b1;
    3'd7:infor_data<=1'b0;
    default:;
    endcase

end

wire[7:0]sin_1;          //频率1:2.2MHz载波
ROM_sin ROM_sin_1(
    .clka(clk),//input clka
    .addra(phase_1),//input[9:0]addra
    .douta(sin_1)//output[7:0]douta
);

reg[7:0]ASKout=8'd0;
always @ (posedge clk)begin

    if(infor_data)begin
        ASKout<=sin_1;
    end
    else begin
        ASKout<=8'd0;
    end

end

endmodule
```

二、FSK 调制信号

```
module FSK(
    clk,FSKout);
input clk;
output[7:0]FSKout;
```

```
reg[8:0]counter_10 μs =9'd0;//计数 0 ~499,对应 10 μs
reg[2:0]counter_data =3'd0;//计数 0 ~7,对应 1 0 1 1 0 0 1 0
reg infor_data =1'b0;

//频率 1:2.2MHz 载波
//频率 2:4.1MHz 载波
reg[9:0]phase_1 =10'd0;
reg[9:0]phase_2 =10'd0;
always @ (posedge clk)begin

    if(counter_10 μs ==9'd499)begin
        counter_10 μs <=9'd0;
        counter_data <=counter_data +3'd1;
        phase_1 <=10'd0;
        phase_2 <=10'd0;
    end
    else begin
        counter_10 μs <=counter_10 μs +9'd1;
        counter_data <=counter_data;
        phase_1 <=phase_1 +10'd45;//45 为 2.2MHz 的频率控制字
        phase_2 <=phase_2 +10'd84;//84 为 4.1MHz 的频率控制字
    end

    case(counter_data)
    3'd0:infor_data <=1'b1;
    3'd1:infor_data <=1'b0;
    3'd2:infor_data <=1'b1;
    3'd3:infor_data <=1'b1;
    3'd4:infor_data <=1'b0;
    3'd5:infor_data <=1'b0;
    3'd6:infor_data <=1'b1;
    3'd7:infor_data <=1'b0;
    default:;
    endcase

end

wire[7:0]sin_1;          //频率 1:2.2 MHz 载波
```

```
wire[7:0]sin_2;      //频率 2:4.1 MHz 载波
ROM_sin ROM_sin_1(
    .clka(clk),//input clka
    .addra(phase_1),//input[9:0]addra
    .douta(sin_1)//output[7:0]douta
);
ROM_sin ROM_sin_2(
    .clka(clk),//input clka
    .addra(phase_2),//input[9:0]addra
    .douta(sin_2)//output[7:0]douta
);

reg[7:0]FSKout =8'd0;
always @ (posedge clk)begin

    if(infor_data)begin
        FSKout <= sin_2;
    end
    else begin
        FSKout <= sin_1;
    end

end

endmodule
```

三、PSK 调制信号

```
module PSK(
    clk,PSKout);
input clk;
output[7:0]PSKout;

reg[8:0]counter_10 μs =9'd0;//计数 0~499,对应 10 μs
reg[2:0]counter_data =3'd0;//计数 0~7,对应 1 0 1 1 0 0 1 0
reg infor_data =1'b0;

//信号 1:2.2 MHz 载波
```

```
//信号 2:2.2 MHz 载波,相位翻转 180 度
reg[9:0]phase_1 =10'd0;
reg[9:0]phase_2 =10'd512;
always @ (posedge clk)begin

    if(counter_10 μs ==9'd499)begin
        counter_10 μs <=9'd0;
        counter_data <=counter_data +3'd1;
        phase_1 <=10'd0;
        phase_2 <=10'd512;
    end
    else begin
        counter_10 μs <=counter_10 μs +9'd1;
        counter_data <=counter_data;
        phase_1 <=phase_1 +10'd45;//45 为 2.2MHz 的频率控制字
        phase_2 <=phase_2 +10'd45;
    end

    case(counter_data)
    3'd0:infor_data <=1'b1;
    3'd1:infor_data <=1'b0;
    3'd2:infor_data <=1'b1;
    3'd3:infor_data <=1'b1;
    3'd4:infor_data <=1'b0;
    3'd5:infor_data <=1'b0;
    3'd6:infor_data <=1'b1;
    3'd7:infor_data <=1'b0;
    default:;
    endcase

end

wire[7:0]sin_1;        //频率 1:2.2 MHz 载波
ROM_sin ROM_sin_1(
    .clka(clk),//input clka
    .addra(phase_1),//input[9:0]addra
    .douta(sin_1)//output[7:0]douta
);
```

```verilog
wire[7:0]sin_2;//频率1:2.2 MHz 载波
ROM_sin ROM_sin_2(
    .clka(clk),//input clka
    .addra(phase_2),//input[9:0]addra
    .douta(sin_2)//output[7:0]douta
);

reg[7:0]PSKout = 8'd0;
always @ (posedge clk)begin

    if(infor_data)begin
        PSKout <= sin_2;
    end
    else begin
        PSKout <= sin_1;
    end

end

endmodule
```

附录 G BPSK 中频信号生成实验参考代码

```verilog
module BPSK_TX(
    clk);
input clk;

reg[3:0]counter = 4'd0;
reg[5:0]data_rom_addr = 6'd0;
always @ (posedge clk)begin

    counter <= counter + 4'd1;
    if(counter == 4'd15)begin
        data_rom_addr <= data_rom_addr + 16'd1;
    end
    else begin
        data_rom_addr <= data_rom_addr;
    end

end

wire[1:0]data_polar;
data_rom data_rom(
    .clka(clk),//input clka
    .addra(data_rom_addr),//input[5:0]addra
    .douta(data_polar)//output[1:0]douta
);

wire[16:0]TX_base;
rcosfir rcosfir(
    .clk(clk),//input clk
//  .rfd(rfd),//output rfd
//  .rdy(rdy),//output rdy
```

```
    .din(data_polar),//input[1:0]din
    .dout(TX_base));//output[16:0]dout

wire[7:0]carrier;
DDS DDS(
    .clk(clk),//input clk
    .cosine(carrier)//output[7:0]cosine
);

wire[24:0]TX_IF;
MUL MUL(
    .clk(clk),//input clk
    .a(carrier),//input[7:0]a
    .b(TX_base),//input[16:0]b
    .p(TX_IF)//output[24:0]p
);

endmodule
```

附录 H 数字通信系统收发仿真实验参考代码

```matlab
% Parameter
fs = 50000;          % 采样率,单位:kHz
fi = 10700;          % 中频频率,单位:kHz
Rs = 3125;           % 信息速率,单位:kHz
alpha = 0.35;        % 滚降系数
RATE = fs/Rs;        % 过采样倍数
N_T = 3;             % Fir 滤波器系数
L = 1000;            % 仿真数据长度


% 原始信息 0/1
Tr_data_binary = randi(2,1,L) - 1;

% 调制映射 +1/ -1
Tr_data_polar = 1 - 2* Tr_data_binary;

% 脉冲成形
Tr_data_up = upsample(Tr_data_polar,RATE);
shaping_filter = rcosfir(alpha,N_T,RATE,1/fs,'sqrt');
Baseband_shape = conv(Tr_data_up,shaping_filter);

% 数字上变频
t = (1/(fs)):(1/fs):((1/fs)* length(Baseband_shape));
Tr_carrier = cos(2* pi* fi* t);
IF_modu = Tr_carrier.* Baseband_shape;

% 理想信道
Tr_out = IF_modu;

% 数字下变频
t = (1/(fs)):(1/fs):((1/fs)* length(Tr_out));
```

```
RX_carrier = 31 * cos(2 * pi * fi * t);
DC_out = RX_carrier. * Tr_out;

% 匹配滤波
matched_filter = rcosfir(alpha,N_T,RATE,1/fs,'sqrt');
MF_out = conv(DC_out,matched_filter);
RX_baseband = MF_out;

% 解调判决
demo_sign = sign(RX_baseband(2 * N_T * RATE +1:RATE:end -2 * N_T * RATE));

% 恢复信息
demo_msg = (1 - demo_sign)/2;

% 性能分析
error_counter = sum(demo_msg ~= Tr_data_binary);
```

参 考 文 献

［1］夏宇闻，韩彬 . Verilog 数字系统设计教程（第 4 版）［M］. 北京：北京航空航天大学出版社，2017.

［2］王贞炎 . FPGA 应用开发和仿真［M］. 北京：机械工业出版社，2019.

［3］徐少莹，任爱锋 . 数字电路与 FPGA 设计实验教程［M］. 北京：西安电子科技大学出版社，2012.

［4］樊昌信，曹丽娜 . 数字通信原理［M］. 北京：国防工业出版社，2013.